数字时代儿童产品体验设计与数字素养养成

陈凯晴 著

CHILDREN'S PRODUCT EXPERIENCE
DESIGN AND DIGITAL LITERACY
DEVELOPMENT IN THE DIGITAL ERA

U0345913

江苏凤凰美术出版社

图书在版编目（CIP）数据

数字时代儿童产品体验设计与数字素养养成 / 陈凯晴著 . -- 南京 : 江苏凤凰美术出版社，2023.5
ISBN 978-7-5741-0891-2

Ⅰ . ①数… Ⅱ . ①陈… Ⅲ . ①儿童–产品设计–计算机辅助设计–研究 Ⅳ . ① TB472

中国版本图书馆 CIP 数据核字（2023）第 066372 号

责 任 编 辑　唐　凡
装 帧 设 计　清　风
责 任 校 对　孙剑博
责 任 监 印　于　磊
责任设计编辑　韩　冰

书　　　名	数字时代儿童产品体验设计与数字素养养成
著　　　者	陈凯晴
出版发行	江苏凤凰美术出版社（南京市湖南路1号　邮编：210009）
制　　　版	南京新华丰制版有限公司
印　　　刷	盐城志坤印刷有限公司
开　　　本	787mm×1092mm　1/16
印　　　张	12.5
版　　　次	2023年5月第1版　2023年5月第1次印刷
标准书号	ISBN 978-7-5741-0891-2
定　　　价	78.00元

营销部电话　025-68155675　营销部地址　南京市湖南路1号
江苏凤凰美术出版社图书凡印装错误可向承印厂调换

前言

在当今社会，数字技术为每个人带来了便利，越来越多的人通过互联网平台和移动设备等数字技术交流和获取信息。我国"十四五"规划明确提出在建设数字中国的过程中，普及提升公民数字素养的要求。数字素养意味着拥有从数字信息中寻找意义的技能和能力，这意味着能理解数字化技术并适当地使用。迄今为止，关于数字素养的许多研究都集中在成年人的使用，但数字技术在儿童早期教育中的使用有所增加。例如，父母和孩子越来越多地使用移动设备（如 iPad）一起阅读故事；对儿童进行数字素养教育使他们能够了解技术，以便他们能够安全有效地使用技术。一项针对瑞典、挪威和澳大利亚儿童在学校和家庭中提升数字素养实践的研究表明，数字素养反映在"包括语言、体验和社交能力的活动中"，几乎所有儿童成年后将进入的行业都需要某种形式的数字素养，而在早期教育中提升这些能力将帮助他们在未来的职业生涯中进一步学习。

本书涵盖了儿童认知和运动发育、情感发展需求和学习理论的相关基础知识，以及和数字素养相关的设计方法研究；进一步通过讨论数字时代的儿童如何学习和玩耍，提供有关儿童发展需求和能力如何转化为数字交互媒体的特定设计元素的实用细节和设计技巧。以期帮助家长和相关教育者了解数字产品对儿童发展的影响，选择优质的儿童产品；以及为儿童交互设计师提供为不同年龄段设计有吸引力且有效的内容的实用研究信息。

本书获厦门理工学院学术专著出版基金资助。

·序言·

交互式软件的操作体验不能替代爱和人情味，也不能代替伟大的老师或有爱心的父母。然而，互动媒体为孩子们提供了多元化的学习机会，让他们在趣味化的学习过程中按照自己的节奏探索主题。儿童可以通过多种方式在数字世界中探索、玩耍、发明和互动，了解世界是孩子的本能，理解这种本能并促进学习过程是数字时代儿童设计师的工作。制作一张让孩子记忆的学习卡片很容易，但如何培养更深层次的学习？当孩子们愉快地参与有趣的学习体验时，就推动了自主的学习，并培养了一种对学习的终生热爱。作为设计师，并不是提倡增加屏幕时间，我们应该不断追求为儿童设计高质量的数码产品，满足父母和儿童需求。

这本书包含儿童设计师和人机交互研究人员在数十年的数字媒体开发中积累的经验见解以及新兴理论，以便为设计的实践和技术开发方面提供参考。我希望它能帮助激发设计师以孩子们的眼光看待世界，并以孩子们的感觉去感受；希望扩展更多可行的指导方针和设计原则，以讨论如何为儿童数字产品带来更多意义；帮助指导更有效的政策制定和更负责任的商业实践，以使数字时代的儿童受益。

目录

第一章

绪论

　　数字素养是儿童交互设计领域中新兴的研究趋势。本章节针对儿童的数字素养涵盖的范围，以及数字技术互动如何影响儿童的思考、认知发展、学习展开系统的循证讨论。

第一节　儿童数字素养

提高国民的数字素养是中国国民经济和社会发展的重要内容。国家发展改革委 2018 年发布的《关于发展数字经济稳定并扩大就业的指导意见》提出，到 2025 年，伴随数字经济不断壮大，国民数字素养要达到发达国家平均水平。数字素养也是 2017 年联合国儿童基金会《世界儿童状况报告》讨论的主题，数字技术已经改变了世界——随着世界各地越来越多的儿童上网，它正在越来越多地改变童年。在全球范围内，18 岁以下的儿童和青少年约占全球互联网用户的三分之一。而在中国，根据互联网络信息中心发布的报告指出，2015 年中国青少年网民规模就已达到 2.87 亿，占中国青少年人口总体 85.3%。网络的连通性为公民参与、社会包容和教育机会开辟了新途径，并有可能打破贫困和弱势群体的循环。数字化正在改变童年，改变了儿童形成和维持友谊的方式，使他们能够与同龄人保持几乎持续的联系；还改变了孩子们度过闲暇时间的方式，为他们提供持续不断的视频、社交媒体更新和高度身临其境的游戏。但是，越来越多的证据表明，儿童接触数字世界的年龄越来越小，青少年的"屏幕成瘾"也愈发严重，过多的屏幕时间会使孩子与家人和周围环境隔离，助长抑郁症，甚至使孩子肥胖。更严重的是，数字技术也给青少年的隐私、安全带来了极大的风险和伤害。但无论好坏，数字化都是我们生活中不可逆转的事实。

数字世界的内容反映并放大了人类的优缺点，这些内容可以影响儿童和青少年世界观和价值观的塑造。我们需要更广泛的数字素养教育帮助他们学会在数字时代中进行安全、正确的决定。

今天的儿童将踏入明天的就业市场，与他们父母工作的年代相比较，工作的面貌将发生深刻的变化。机器学习、机器人科学、纳米技术及生物技术各领域的进步对这场常被称作是第四次工业革命的变革产生了推动作用。[1]这些曾经原本

1　世界经济论坛，'The Future of Jobs:Employment, skills and workforce strategy for the fourth industrial revolution'，Global Challenge Insight Report，世界经济论坛，日内瓦，2016 年 1 月，第 5 页。

各自独立的技术领域，越来越趋向于相互融合，推动了经济以前所未有的速度发展。今天的儿童，是否在学习相关技能，准备好在第四次工业革命中获得成功？对于儿童和青少年而言，未来的职场对数字技能和数字素养的要求将会将来越普遍。

通过全球青少年在线项目的工作，联合国儿童基金会对儿童数字素养的研究处于领先地位。在此采用该组织在 2017 年《世界儿童状况报告》和 2018 年《儿童与数字连接政策指南》中定义的数字素养为知识普及的主要观点。儿童数字素养是一组知识、技能、态度和价值观。儿童应能够使用和理解技术，以适合其年龄、当地语言和文化的方式安全、批判性地和道德地搜索和管理信息、交流、协作、创建和共享内容，积累知识并解决问题。

数字素养：全球儿童在线、联合国教科文组织和其他机构的工作强烈强调四组能力。[1]儿童应该能够：

- 安全有效地访问和操作数字环境；
- 批判性地评估信息；
- 通过数字技术进行安全、负责和有效的沟通；
- 创建数字内容。

今天的儿童都是数字原住民，但这并不意味着他们不需要引导和支持就可以充分利用网络资源。同样，他们也无法完全靠自己就能了解在网络上可能遇到的伤害，以及作为合格的数字公民应该承担的责任。数字素养所覆盖的领域远超数字技术和技能的范畴，包括：搜索、评估和管理网络信息的能力，在线互动、分享与协作的能力，开发和创造内容的能力，使用在线安全保护功能的能力，以及善于创新、解决问题的能力。数字素养还包括教授儿童如何保护自身免受诸如网络欺凌、性勒索、隐私侵犯和名誉威胁等网络伤害的能力。那些看似无害的 活动，例如分享照片、在社交媒体发表评论或在在线表格中输入个人信息等，也可能导致严重后果。例如，数据可能落入不法之徒手中，或者两个儿童私下交换的

---

1 联合国儿童基金会，The State of the World's Children 2017，联合国儿基会，纽约，2017 年，第 20 页。

信息被恶意地广泛传播。数字素养的价值得到广泛认可,在 2014 年关于数字媒体和儿童权利的讨论中,联合国儿童权利委员会责成会员国将数字素养纳入其学校课程。[1] 从小培养儿童的数字素养也是一项重要工作,被确定为有效的民主社会的关键先决条件。在许多高收入国家的学校中,投入资源致力于教授更先进、更复杂的数字技能已逐渐成为一种标准做法。此外,儿童还能从不少课外活动中学习编写代码和程序,学习如何创建数字内容。随着信息通信技术在低收入国家逐渐普及,当地也需要类似的投资,以帮助这些国家的儿童适应数字生活,并向他们传授适应 21 世纪数字经济所必需的工作技能。

作为数字时代的设计师,为了将机遇转化为儿童的切实利益,尤其是帮助儿童在学习、参与和融入社会等方面受益,就必须了解儿童数字体验的社会背景与环境因素,并为儿童提供充分的引导与支持。

第二节　儿童与数字化科技互动的研究发展

数字产品的用户体验研究来源于人机交互研究(The Human Computer Interaction),该领域的研究最初来自人体工程学和社会技术研究,并为基于计算机工作的系统提供指导和研究。人们交流、学习、工作和娱乐方式的变化都对人机交互研究产生了影响。例如,现阶段的研究往往更关注用户体验而不仅仅只是可用性,关注使用乐趣而不仅仅是使用的目的,关注人机沟通而不是控制。儿童计算机交互 (Child Computer Interaction) 是人机交互研究中的一个相对较新的研究领域,早期主要是从教育和教育技术的研究中发展而来。儿童计算机交互领域正在逐渐完善和成熟,并拥有相关方法和解决方案。

儿童计算机交互领域的早期代表研究来自 20 世纪 80 年代后期和 90 年代期间的 Papert (1980)、Kafai (1990)、Resnick (1991) 和 Ackermann (1991),研究集

---

1 联合国儿童权利委员会, Report of the 2014 Day of General Discussion on Digital Media and Children's Rights, 第 9 页。

中在与计算机有关的教育活动的设计和实施。Revelle 和 Strommen（1990）关于儿童输入能力的研究就是一个例子。在同一时间内，有许多研究着眼于儿童如何处理屏幕阅读以及识别的可能性，特别是语音识别正在被大量研究（Mills and Weldon, 1987；Mosow, Hauptmann et al., 1995）。认识到在儿童交互设计中存在不同的影响（超出学校教育），这将为计算机和儿童交互的可能性增加更多价值，这可能首先在 Soloway、Guzdial 等人 (1994) 题为"以学习者为中心的设计"的研究中确定了成人在使用和获取儿童技术方面的作用。大约在同一时间，Bers 和 Cassell（1998 年）的创新工作从 Papert 的研究中获得灵感，在理解如何使用技术来增强和改进围绕儿童语言的活动方面也发挥了重大影响。因此，随着 Druin 的两本书（*Druin and Solomon* 1996）、（*Druin* 1999）的出版，儿童计算机交互研究开始走出学校教育环境，相关研究显著增加。这些，以及 Hanna、Risden 等人（1997）概述了如何更好地让儿童参与可用性评估，引导该领域扩大其范围，以考虑儿童直接参与他们自己的技术的设计和评估。

2003 年，Bruckman 和 Bandlow 在《人机交互手册》中写了"HCI for Kids"一章，大约在同一时间，荷兰埃因霍温的一个研究小组提出了一个关于交互设计和儿童的初步研究研讨会(Bekker, Markopoulos et al., 2002) 并取得了巨大的成功，此后，交互设计与儿童的首届会议在英国普雷斯顿举行。该会议随后移至美国，由马里兰大学主办，此后在美国科罗拉多州博尔德、丹麦奥尔堡、美国佛罗里达州坦佩雷、意大利米兰科莫湖、美国芝加哥等城市先后举办。交互设计与儿童会议在过去二十年中，已在所有主要 HCI 场所发表或举行。自 2000 年以来的研究工作主要集中在更好地理解、确认或调查不同背景的儿童技术使用。包含：

- 使用新技术为儿童设计；
- 设计新的教育解决方案；
- 关于游戏和社交性的设计；
- 关于调查和改进想法以使儿童更好地参与设计和评估活动。

2006 年，儿童计算机交互领域的研究人员创建了一个国际小组（www.idcsig.org），目前已制作了六本特别版期刊，并在 CHI、Interact 和 IDC 等国际会议上举办了多门关于儿童计算机交互的课程。儿童交互设计也已包含在全球多个交互设计硕士课程中。

"技术评估""成人和儿童用户角色"和"教学方法"是 2010 年以来的三个主流研究课题。主流的研究认为计算思维可以赋予儿童做出自己决定和塑造生活的权力。最好的学习方式是构建对个人有意义的有形的东西，因为它支撑着新知识的构建（即建构主义），而计算机是实现这一目标的一种手段。计算机能够给予儿童更大的赋权感，让他们能够做比以前更多的事情。同样，数字化教育的目标不是让儿童学习计算机，而是认识到自己有能力设计和实施计算解决方案的机会。这与将认知方法与数字素养相结合，专注于技能和能力建设，以及通过创建和传播媒体内容的过程关注儿童能动性的方法产生了共鸣。部分研究涉及不同背景儿童的学习，包括来自低社会经济地位家庭的儿童或有特殊需求的儿童，这一发现意味着研究人员已经注意到教育工作者可以利用技术来支撑这些孩子的学习，弥补数字鸿沟。

以儿童用户为研究对象的人机交互研究范围

最广泛使用的人机交互（HCI）定义是来自计算机协会（ACM）的定义：人机交互是一门涉及设计、评估和实施供人使用的交互式计算系统以及研究围绕它们的主要现象的学科。用"儿童"代替"人"，从这个定义推断出儿童计算机交互（CCI）的一般定义是：儿童计算机交互是一门涉及儿童使用的交互式计算系统的设计、评估和实施的学科，并且与对围绕它们的主要现象的研究。"儿童"一词的范围并不明确。在《联合国儿童权利公约》中规定，儿童是指任何 18 岁以下的人，这可能是对儿童最广泛的定义。而儿童计算机交互的研究领域一般集中于 3—15 岁之间的儿童。很少有研究关注 3 岁以下的儿童，而针对 16—18 岁的儿童的设计因为世界各地的不同立法使为这一群体设计陷入了某种困境。本书对儿童的定义是广义的，包括幼儿和青少年，但研究案例的核心工作侧重于小学儿童。研究人员提出，对于儿童计算机交互的研究领域不是简单的归入人机交互研究的一个子集。在探索这一假设时，儿童使用计算机进行的活动与成人不同，他们与计算机交互的行为与成人不同，并且儿童的关注点不仅仅是可用性，而是关于一些非常不同的东西。例如，儿童使用技术的情况主要是在学校或家中，使用环境更经常围绕家人或朋友，儿童使用数字产品更多是关于学习、游戏、社交聊天。对于儿童来说，与计算机互动更多的是乐趣的本质和学习的本质，而不是如何工作，良好的交互体验需要理解的不是计算机如何适应常规的工作世界，而是它如何适应游戏世界和学习教育。

如前所述，最常用的人机交互定义是 ACM 课程提出的定义。这个定义显然是一个以教学为中心的定义，并不特别关注研究，但在说明可能教授的内容时，也扩大了研究的范围。 ACM 通过绘制其基本组成部分来定义人机交互的本质，以下四个部分构成人机交互的性质：

- 计算机的使用和环境；
- 计算机系统和接口架构；
- 开发过程；
- 用户特征 / 能力。

使用和儿童计算机的背景可以围绕儿童围绕计算机进行的活动来讨论背景。当儿童使用电脑时，他们通常专注于玩耍、学习或交流。在游戏方面，这对于 CCI 来说是一个相对较新的领域。目前儿童交互设计的研究集中于移动、便携式和户外系统（Wakkary and Hatala, 2006；Zuckerman, Parés et al., 2008；Marti, Pollini et al., 2009）。现在很多关于游戏的研究工作是在严肃游戏和基于协作与乐趣的学习方面。

与学习和交流相关领域，数字设计可以指导孩子选择生活方式，例如健康饮食和锻炼（Revelle, Fenwick-Naditch et al., 2010）。支持儿童社交的系统也非常流行，其中一些将儿童及其家人聚集在一起（Yarosh，Chew et al., 2009），而另一些则旨在促进儿童群体之间的包容和联系（Teh，Cheok et al., 2008）。该领域的未来发展难以预测，但对于游戏而言，幻想游戏和增强户外空间游戏的可能性非常诱人。在教育领域，随着人工智能的改进和定位系统被广泛接受，孩子们在穿越街道时学习并不是不可想象的，随着计算变得越来越普遍，推荐系统——例如，根据上下文和位置建议活动，并在社交混搭中将这些活动传达给其他人都是可能的。

计算机系统架构

当从儿童角度看待系统时，一个焦点必须放在技术上。儿童技术可能是书桌（在学校）、移动设备或有形的，儿童产品需要针对他们在这些不同情况下的行为进行设计。一个设计良好的界面能够适应用户的行为。早些年，系统都是基于桌面的，感兴趣的关键方面是对话、隐喻和图形。过去，该领域的大部分工作都与计算机屏幕的外观如何影响交互有关。对屏幕可读性（Bernard, Mills et al., 2001）和界面设计的外观及表现的研究进行了相当深入的研究（Sedighian and Sedighian, 1997）。显然，随着技术远离桌面，其中一些作品需要被重新审视。该领域的一些当前工作仍然是关于屏幕设计，但信息设计也在研究儿童如何找到它（Druin，Foss et al., 2010）以及儿童如何理解它（Bilal and Kirby, 2002）。随着界面向信息世界开放，这一领域的工作显然需要继续。根据最近会议的内容和最近的研究论文，典型的 CCI 系统很可能是手持或桌面设备上的半教育游戏（Marco, Cerezo et al., 2009）。在理解移动和有形系统时，如果这个词是对的，那么对于支持儿童行为的计算机系统架构设计来说，一个关键问题是儿童不断地适应界面。五年前对孩子来说是个问题现在可能不再是个问题，因为孩子们在计算机系统旁边学习并获得了他们这个年龄的孩子以前没有的技能。这里的一个例子是"搜索"过程，很明显孩子们"学习"以适应谷歌搜索过程。未来的研究领域可能与儿童生活中无处不在的计算机系统有关，可能更关心他们与计算机、数据和信息的关系——而不是仅仅关注界面。未来研究的关键领域包括内置于计算机系统中的安全性和信任，以及了解如何设计系统以最好地支持儿童。

开发过程围绕推动良好交互设计的活动，有一组"执行"HCI 的过程或方法。这些都与计算机界面的评估、设计和研究过程中对儿童健康的关注有关。了解如何最好地评估儿童的计算机界面在 CCI 的早期并没有被特别研究，但现在已经有许多研究提出了评估技术的新方法（Kersten-Tsikalkina and Bekker, 2001；Read, MacFarlane et al., 2002; Hanna, Neapolitan et al., 2004; Zaman and Abeele,

2010)。还有许多新的设计方法（Druin, 1999；Taxen, Druin et al., 2001；Read, Gregory et al., 2002；Robertson, 2002）。当前工作的一个重点是开始消除儿童和成人在尊重方面的差异，例如，他们对什么是好产品的看法。事实证明，儿童与成人有不同的担忧，他们认为乐趣和可玩性在技术选择中比易用性更重要。例如，技术接受模型（Hassenzah et al., 2000）已被证明在应用于儿童产品时可能需要不同的解释，因为显然儿童不是使用技术的，他们的技术不是基于任务的 (Read, 2008）。在了解如何最好地在 CCI 中开展研究方面，Interact 的一个方法论研讨会（Markopoulos，Höysniemi et al., 2005）提出了一些想法并引发了一些关于道德的讨论（Rode, 2009）并探讨了安全和工作原则与在校儿童（Rode, Stringer et al., 2003）。毫无疑问，该领域的未来工作将继续寻找更好地评估和设计儿童互动产品的方法，与此相一致的是，预计将会有社会良知围绕儿童技术的设计和评估更仔细地研究儿童参与开发过程的价值和道德，以及所设计产品的价值和目的。

用户特征 / 能力

用户特征应用于儿童的应用与成人的应用明显不同。儿童交互设计显然必须特别考虑儿童的体型和能力、记忆力和处理能力以及阅读能力，但它还有额外的任务是理解这个空间的变化和多样性——这些都是要少得多的问题在 HCI 中很明显，用户群体在发展方面更加静态，而在能力方面更加同质（Krasnor and Pepler, 1980）。该领域的早期工作集中在输入技术的设计和儿童管理技术物理方面的能力（Strommen, 1994; Joiner, Messer et al., 1998），这些研究通常考虑到儿童的发展；其他工作包括 Gilutz 和 Nielsen (2002) 对儿童网站设计的研究，该研究侧重于阅读等能力，并考虑了如何为阅读能力差的儿童进行设计。输入技术领域的最新工作已经开始关注新的可能性，例如多点触控（Harris, Rick et al., 2009），但仍有研究关注儿童如何与物理设备交互（Hourcade, Bederson et al., 2004），在 2D 情况下（Buisine and Martin, 2005）和使用移动设备（Siek, Rogers et al., 2005）。未来的工作可能仍会关注身体能力，但也应侧重于确保产品设计良好的发展研究（Bekker and Antle, 2011）。随着系统变得越来越复杂，并且儿童越来越早地成为计算机用户，儿童与它们互动并理解与之相关的含义的能力可能会发生变化——但未来的一个挑战将是通过使用预测性、智能和个性化的输入，以及通过使用与孩子一起成长和适应的输出系统，让孩子们可以持续访问复杂的系统。脑机交互是未来研究领域的一个例子。

成年人可以决定儿童使用什么，可以帮助使用它，并且可以设计界面的外观和感觉。成人对儿童交互设计的理解是该领域的主要考虑因素。在选择所使用的技术时，成年人通常掌握着"钱包"，并且经常受到与可用性或适用性无关的信息的影响，并且可能是营销炒作和同行压力的混合体。众所周知，父母很难为孩子选择互动技术。Rode（2009）考虑了成人和儿童之间的一些紧张关系，但在HCI和CCI中，此类研究很少见——值得注意的例外是Rode、Stringer等人对学校系统影响的研究（2003），Markopoulos、Barendregt等人讨论了共享评估（2005）以及Pardo、Vetere等人对教师作为评估者的研究（2006）。在共享交互方面，很少有论文真正掌握了儿童和成人一起坐在电脑前的交互性；成人和儿童的设计在Huggy Pajamas（Teh, Cheok et al., 2008）中提出，中介工作在Klein, Nir-Gal中描述（2000）和Buisine（2005）。儿童与社会对儿童技术的看法在全球范围内各不相同。即使在国家内部，对于什么对儿童"有益"也存在分歧。因此，在描述儿童交互设计的性质时，重要的是要注意研究中的其他人在与软件交互以及评估和设计软件期间如何影响儿童的活动和关注点。考虑到所有这些，提出了一个新的定义，因此儿童交互设计研究的性质被认为是：对儿童与计算机技术交互时的活动、行为和能力的研究，通常还包含需要考虑成年人的干预、控制和调节的情况。

当技术渗透到儿童的日常生活和学习中，最初的重点是提供工具并改善数字技术的获取和可用性，逐渐转向研究技术对儿童的更大生态和影响。如前所述，在儿童交互设计早年与之密切相关的整个人机交互领域中，可以看到类似的向强调技术"人"方面的演变。从那时起，该领域已经从提供数字工具（即功能性）转变为为与儿童打交道的教师和其他专业人员（即主流）提供支持，并培养对技术的批判性立场（即批判性），而关注能力建设（即教育）和让孩子在技术设计（即民主）方面有发言权或多或少保持不变。这导致近年来在功能、民主和教育意义上更平等地使用赋权。尽管显著增加，主流和批判性赋权仍然是代表性最少的类别。此外，对批判性赋权的关注也日益增多，相关研究不仅解决了赋权概念缺乏明确性的问题，而且还主张在交互设计研究中进行更批判性的设计。

第三节　儿童是信息时代的多模式学习者

数字技术渗透到现代生活的方方面面，事实上，儿童在接受学校教育之前就进入了学习环境，新技术为信息时代的多模式学习和意义构建提供了独特的环境。数字技术的优势之一是它们使儿童能够以语言以外的各种模式进行探究和意义建构，可以结合视觉、听觉、口头、动觉和空间模式来交流和理解世界。通过这种方式，信息时代的儿童成为多模式学习者，并通过以多种方式体验和使用新技术而变得多元。

童年被认为是儿童寻求世界意义的时期，而新技术在意义创造和思想表达方面的作用被视为这一过程的重要组成部分。在澳大利亚，已经尝试将技术和媒体纳入标准化早期儿童课程和教学方法，如澳大利亚早期学习框架中所述，教学法被定义为建立和培养关系、课程决策、教学和学习的专业实践。基于游戏互动的学习是指提供一种学习环境，当孩子们积极地与人、物体和表征互动时，他们可以通过这种环境来组织和理解他们的社会世界。澳大利亚的早期学习框架采用广泛的技术观点，包括所有可用的数字技术，并将其扩展到实际设备之外，包括流程、系统和环境。例如，让儿童识别技术在日常生活中的用途，并在游戏中使用真实或想象的技术作为道具；使用信息和通信技术获取图像和信息，探索不同的视角并理解他们的世界；使用信息和通信技术作为设计、绘图、编辑、反映和创作的工具；使用技术来获得乐趣和创造意义等。该框架建议教育工作者可以促进这种学习，例如，为儿童提供使用一系列技术的途径，将技术整合到儿童的游戏体验和项目中，以及鼓励儿童及儿童和教育工作者之间通过技术进行协作学习。通过这种方式，人们清楚地认识到，数字技术与 21 世纪儿童的生活息息相关，需要将其作为学习的一个组成部分。

Sesame Workshop 的 Joan Ganz Cooney 中心确定了移动学习可以改变儿童学习方式的五种方式（Shuler, 2009）。移动媒体设备鼓励无缝学习（即跨不同环境的学习体验的连续性；Looi et al., 2010）和无处不在的学习（即快速且随时可用的技术；Rogers et al., 2005）。这种"随时随地"的学习促进了情境学习，打破了家庭、学校和课后之间的障碍，弥合正式和非正式学习环境之间的差距。此外，移动媒体设备可以鼓励新形式的社交互动、协作和交流。协作实际上可以通过网络设备进行，许多通信选项都嵌入在移动媒体设备中，这样孩子们就可以通过对话、短信、电子邮件和社交网络应用程序与同龄人和老师进行交流。最后，移动媒体设备可以适应许多不同的需求和学习方式。借助移动媒体设备，孩子们可以自行访问信息、相互共享信息，并更好地控制自己的学习。Shuler（2009）认为"通过媒体设备真正支持差异化、自主和个性化学习存在重大机遇"。因此，可以通过移动媒体增强环境提供个性化的学习体验。

研究表明，孩子们在使用移动媒体设备和应用程序方面非常自在并且熟练，并且使用适合年龄的应用程序可以迅速从新手转变为精通（Chiong and Shuler, 2010；Cohen, 2011；PBS KIDS, 2010）。如果孩子们在使用该设备时遇到了最初的可用性问题，父母报告说它们在孩子玩了几次设备后就消失了。对幼儿使用iPad 的观察表明，iPad 的可访问性和使用与应用程序界面的设计、儿童之前的数字游戏体验以及应用程序内容与儿童发展水平之间的关系有关。总体而言，使用移动媒体设备和应用程序对孩子来说非常自然。证据还表明，儿童可以从应用程序中学习（Chiong and Shuler, 2010；Cohen, 2011；PBS KIDS, 2010）。儿童通过应用游戏进行学习有多种形式，包括积极探索、构建解决方案和学习明确的内容。在对两个教育素养应用程序 Martha Speaks: Dog Party 和 Super Why 的评估中，大多数儿童在玩过这两个应用程序后，在阅读技能和涵盖的内容领域都表现出进步。Martha Speaks: Dog Party 应用程序专注于 4—7 岁儿童的词汇发展。每个年龄段的词汇量都有所增加，年龄较大的孩子在玩该应用程序后获得的词汇量最多。相比之下，年幼的孩子在玩了旨在提高读写能力的应用程序后获得的收益最多。此外，这项研究发现，父母认为应用程序具有教育意义。

积极的人际关系有助于儿童的健康成长，而沟通对于建立关系至关重要。残疾儿童通常缺乏可以与同龄人分享的共同经验和背景知识。移动应用程序可以为孩子们一起玩耍、参与和学习提供一个包容的共同点。父母、孩子和教育工作者可以使用此类技术加强彼此之间的互动，并提高对发音、单词、语言和一般知识的熟悉度（Guernsey et al., 2012）。例如，父母和孩子可以在 iPad 上一起阅读适合发展的书籍，其中包括声音和互动活动。这些活动扩展了传统共享阅读时代所呈现的知识和学习。孩子可以与教授字母表、字母发音和简单单词的应用程序互动。在课堂上，教师可以利用 iPad 和学习应用程序作为补充和增强学习及社交的一种方式。语音应用程序可以被编程为语音输出设备，供语言延迟或受限的儿童在大型团体中使用来问候同龄人，说出故事中重复的台词，甚至向全班宣布当天的天气。还有一些语音到文本的应用程序，允许精细运动技能有限的学生以书面形式分享他们的想法，就像他们的非残疾同龄人一样。除了建立沟通和建立关系的机会外，人们还发现移动应用程序可以让儿童参与协作学习、推理和解决问题的活动，这些活动被认为过于复杂，以至于他们在很小的时候就无法理解和执行（Yelland, 2005）。这方面的一个例子是在数学领域。已发现虚拟操作工具比物理操作工具具有多个优势（Clements and Sarama, 2007）。这些优点包括使学习者能够明确地表达他们的知识，提供数学概念的显示方式的灵活性，允许学习者保存他们的工作并在以后检索它，将具体与抽象视觉和明确的反馈，以及动态链接同一概念的多个表示以鼓励问题提出和推测（Clements and Sarama, 2007）。具体来说，孩子们在他们的教室或家中拥有虚拟操作装置和物理操作装置，以帮助建立从真实物体到更抽象的虚拟物体的连接。可以在课堂或家庭环境中向孩子介绍七巧板，以便他们熟悉七巧板的特点。然后，在无法与实际七巧板互动的汽车旅行时，孩子可以玩 My First Tangrams 应用程序，并且已经接触到真实物体，以获得更有意义和联系的学习体验。

针对儿童用户的设计中，将技术特性与儿童的需求相匹配对于成功至关重要。设备或应用程序是否可以灵活地更改设置以满足不同儿童的需求？该应用程序是否为创造性选择或富有想象力的表达提供了机会？例如，Proloquo2Go 应用程序在 iPad 上提供了一整套通信和语言系统。因此，如果孩子在其 IFSP 或 IEP 上有语言或交流目标，则当他／她与同龄人或看护人互动时，交流系统就存在于他或她身边，同时仍然可以使用学习游戏和在环境中导航的自由只有 iPad 与还携带增强通信设备。学习者使用数字媒体来选择故事中的颜色、音乐、动画或主要人物，培养基本的好奇心以及涉及假设、解决问题和积极自我评价的技能（Lieberman et al., 2009）。应用程序可用于培养沟通技巧、预读写技能、预数学技能和科学技能。通过使用移动媒体设备进行的视频建模和社交故事提供了即时学习示例，可用于建模社交环境中的适当行为和有意义的问题解决。例如，在学校排队吃午饭之前，孩子可以通过简单的点击按钮查看关于午餐期间预期行为的社交故事。同样，在与操场上的同龄人互动之前，孩子可以查看在操场上玩耍的社交故事，以增强他们的体验和交流机会。动机的要素也是必不可少的。应用程序是否提供了足够的积极强化来吸引年轻用户的兴趣？Boone 和 Higgins (2007) 通过多年研究开发的软件清单可用于为选择合适的学习应用程序提供指导。定义和调查了七个不同的领域：指导、指导和文档、反馈和评估、内容、个性化选项、界面和屏幕设计，以及可访问性。为了让孩子从接触中获得最大收益，并最大限度地提高孩子对应用程序的注意力，必须激励孩子进行互动。因此，看护者必须将清单上的各个方面与孩子的兴趣和发展水平联系起来。根据这些关键功能匹配学习应用程序可以优化应用程序，获得维持孩子注意力的可能性，从而实现更好的学习。

近年来，在儿童交互设计领域，研究人员不仅关注技术如何影响幼儿跨领域的学习，还关注幼儿如何学习使用各种技术，即数字素养的发展。与传统的能力相比，数字素养强调儿童理解和创造多模态数字文本的能力，以便与文本或其他人进行交流（Bawden，2008；Lankshear and Knobel，2008）。

第一，成人促进儿童参与使用技术学习，当成年人为他们提供安全的环境、鼓励他们参与对话、让他们参与制定活动目标并保持与成年人和技术的互动时，孩子们从使用技术中学到了更多。第二，成人调整他们的教学，以用技术回应儿童的学习。例如，Clements 和 Sarama (2008) 指出，孩子们从技术集成的数学课程中获益最多，在该课程中，教师根据他们对学习轨迹的理解和孩子们的先验知识来调整学习活动。同样，Shamir、Korat 和 Barbi (2008) 发现教师对技术辅助学习的适应性教学将引导学生获得更好的学习成果。换句话说，当老师指导孩子们与同龄人一起阅读电子书时，孩子们的阅读能力比单独阅读电子书的孩子表现出更大的进步。第三，成人对儿童使用技术的看法会影响他们支持或不支持孩子通过技术学习的方式。一些成年人对技术持积极态度，并努力将技术融入他们的课程或让孩子参与与技术相关的活动。相比之下，在 Wolfe 和 Flewitt (2010) 的研究中，大多数参与的家长和教师担心孩子频繁使用技术可能会阻碍他们的发展，这些成年人要么限制了孩子使用计算机的时间，要么没有鼓励或促进儿童使用技术。第四，成人教学与技术辅助学习相结合，最大限度地提高了技术对儿童学习的影响，而单独的成人教学和技术辅助学习对儿童学习收益的影响较小（Eagle，2012；Segal-Drori，Korat，Shamir，2010)。

儿童是多模态数字文本的创造者：McPake、Plowman 和 Stephen (2013) 描述了美国一个 3 岁的男孩精通拍照。他和他 5 岁的兄弟姐妹在与澳大利亚的亲戚进行视频通话时发送了照片和表情符号。研究人员表示，这个男孩学会了"以视觉上有意义和引人入胜的方式发展故事情节，开始发展创造新的和（社会）有价值的叙述的技能"。在 O'Mara 和 Laidlaw (2011) 的研究中，幼儿能够创作由音频叙述、图片、视频剪辑以及数字绘图和文本组成的多模式故事。此外，他们能够将内容从一种模式（符号系统）转换为另一种模式，以理解多模式文本并与之交流。Mills (2011) 指出，这种转化过程称为转化，在她的研究中由 8 岁的孩子证明。孩子们将书面文字翻译成图像，将他们的图画翻译成电影，他们还将手写漫画变成了数字在线漫画。儿童作为技术创造者的角色将在后面的小节中讨论。

儿童阅读和理解多模态数字文本的能力表明，幼儿能够使用多模态线索来理解数字文本上下文中的含义。这种多模式提示包括图片、符号、声音、图像和手势，它们被用于各种技术，例如电视、计算机、移动平板电脑、手机、游戏机和触摸屏。儿童数字素养发展的另一个方面是他们对技术使用的感知，包括对技术的社会和文化角色的感知，以及对他们使用计算机的能力的感知。研究表明，学龄前儿童已经了解了技术的社会目的（McPake et al., 2013; Plowman et al., 2012），这些社会目的包括交流、维持社会联系、娱乐、学习和成人就业。关于儿童学习使用技术的文化习俗，McPake 等人 (2013) 描述了一个 3 岁的男孩在进行视频通话时，会考虑他的通信伙伴的观点和情绪，然后选择最合适的照片发送给他们。他的行为表明他知道进行视频通话的文化上适当的方式。

大多数研究表明，各种技术支持儿童的社会发展。幼儿的社会发展得到了两个方面的技术支持。首先，各种技术增强了儿童与同龄人的协作和互动。例如，Infante 等人（2010）发现，一款专为多人使用一个电脑屏幕和多个输入设备而设计的视频游戏鼓励幼儿园儿童协作和交流以完成游戏任务。Lim (2012) 研究了幼儿园儿童在教室电脑区的社交行为。作者认为，在该领域，幼儿园儿童通过与同龄人的积极互动学习了有用的信息并参与了学习。其次，在家中使用的技术促进了成人与儿童的互动并维持了家庭关系。研究人员描述了幼儿如何与成年人（例如父母、祖父母、亲戚）合作，以实现技术相关活动的共同目标并加强他们与家庭成员的联系。例如，3—6 岁的孙子和祖父母在计算机活动中互相帮助。当孩子们教他们的祖父母如何玩电脑游戏时，祖父母帮助孩子们学习玩游戏所需的语言和文化知识（Kenner, Ruby, Jessel, Gregory and Arju, 2008 ）。

随着家庭和学校各种技术的日益普及，使用这些技术工具促进儿童学习将是一个很好的机会。多模态学习者可以更深入地学习，更多地了解学习过程，并将他们的经验与学习科目的基本概念联系起来。当儿童作为消费者或技术创造者的角色，技术如何支持幼儿成为创造者将取决于未来的技术设计和对其实施的评估，以及不同类型的技术如何促进儿童的各个发展领域将需要未来更多的探索。

第一章

儿童发展理论与儿童交互体验设计的相关性

无论是创建用于教育的游戏活动还是纯粹的娱乐体验，了解儿童学习的过程以及儿童如何感知和获取信息都将帮助设计师与儿童用户建立联系，并制作真正引人入胜的产品。在为儿童设计互动布局之前需要了解儿童在感知、记忆、符号表示、解决问题和语言方面的应用所需的能力。

本章涵盖了关于儿童学习和早期教育学的主要理论，感知能力如何随着儿童的成长而变化，以及学习理论如何与互动媒体的设计相关并影响互动媒体的设计。总结了与儿童交互设计和人机交互相关的设计指南，提取了针对儿童进行的测试方法，并提出了改进儿童移动软件应用程序当前设计的建议。

第一节　学习理论与儿童设计的相关性

关于儿童是如何学习的，学习理论的研究人员和教育工作者仍在推进研究，虽然还有很多未知数，但各种环环相扣的理论起到了指导作用。随着时间的推移，当早期的理论不能解释所有观察到的行为时，新的学习理论就会发展起来，通常被视为对同一事物的不同观点，所有理论共同加深了我们对儿童学习理论的理解。

行为主义学习理论（Behaviorism Learning Theory）

美国心理学家约翰·B·沃森（John B. Watson）受伊万·巴甫洛夫（Ivan Pavlov）的条件反射和反射实验的影响，于1913年提出了行为主义的概念。另一位美国心理学家 B. F. 斯金纳（B. F. Skinner）通过对操作性条件反射的研究进一步推进了这一概念。行为主义者认为，动物（和人类）是通过对环境刺激和奖励的可观察反应系统来激励的，而不是任何内部心理过程。当外部刺激（以奖励或惩罚的形式）导致行为改变时，就会发生学习。

行为主义的一些关键观点是：

- 可以通过激励来塑造孩子的行为；
- 学习者是对刺激做出反应的被动参与者；
- 奖励和惩罚都会激励学习者；
- 学习通常遵循教师预定义的（通常是线性的）路径；
- 教师可以观察和衡量孩子的学习进度；
- 教师设置学习活动，以便孩子对刺激做出正确反应。

行为主义思想不断出现在为儿童设计的软件和其他数字媒体中。正面的强化激励并提供奖励，像积极的声音效果或一些闪光这样简单的动画可以增强孩子的赋权感和继续操作的愿望，积分系统、解锁、奖金等学习应用程序和视频游戏的类似功能也是如此。

根据行为主义者的理论，负面的强化也会激励、推动学习者进步。我们都经历过失败后再次玩游戏的渴望，渴望在下一次操作中避免陷阱和处罚。孩之宝的经典游戏 Operation 就是这样一个例子，游戏操作的全部目的是避免提示错误的蜂鸣器响起。游戏交互设计中常见的负面强化形式包括负面的音频和视觉反馈、游戏角色的力量或能力下降、无法进入下一个游戏关卡，有时甚至是游戏角色的退出。但一般来说，游戏设计的正面反馈比负面反馈高。如果玩家收到过多的负面反馈，他们更有可能因为沮丧而退出。

图 2-1 孩之宝 HASBRO 游戏 Operation

行为主义从观察和测量行为作为对刺激的反应的角度研究学习。它忽略了大脑中发生的事情，并将其视为一个黑匣子。新行为主义理论的创始人斯金纳（Burrhus Frederic Skinner）将学习者视为对环境进行操作并接收有关行为的反馈。在给定一组刺激的情况下，鼓励学习行为的反馈包括积极强化，学习者得到他们想要的东西（例如好成绩），以及学习者通过逃避或避免他们不想要的东西而获得奖励的消极强化（例如采取期末考试）。阻止行为的反馈是通过惩罚来实现的，要么拿走学习者想要的东西，要么给他们不想要的东西（例如低分）。斯金纳还提到需要加强以这种方式学习的行为。该理论强调在学习者记忆和反应的地方进行练习。[1] 它对于自动响应有用或必要的情况很有用。例如，记住乘法表、拼写和打字。这些策略已用于教育游戏。该理论在为自闭症等认知障碍儿童设计干预措施时也很有用。

认知主义（Cognitivism）

认知主义源自格式塔学派的认知主义学习论，是在 20 世纪 60 年代占主导地位的学习理论，主要是为了应对行为主义的局限性。与行为主义者不同，认知主义者认为人们不只是对刺激做出反应，思维方式会影响行为。认知主义者将学习视为存储和检索的心理活动，以构建世界的心理结构。重点是导致行为的心理过程——思考、解决问题和动机。对于认知主义者来说，当知识和理解发生变化时，或当新信息与先前的知识相关联时，就会产生学习。

认知主义的关键观点是：

- 学习者获得处理学习信息的策略；
- 知识可以分解为简单的构建块；
- 组织呈现给学习者的信息很重要；
- 练习和重复有助于将新信息与已有知识联系起来；
- 教师必须了解学生在学习活动中的思维过程；
- 教师的角色是组织信息并将信息传递给学习者。

许多挑战学生解决问题能力的游戏设计都包含认知理论。然而，使用要求死记硬背回答固定问题的严格级数的游戏，并不能促进更深入的学习和参与，因为它们不会真正吸引儿童的注意力。认知主义强调需要在记忆之外进行思维过程，这是关于创造学习者真正理解的过程。

Little Bit Studio 的 Bugs and Buttons 应用程序中的排序游戏是有关此类设

1　[美] B.F. 斯金纳 . 科学与人类行为 . 北京：中国人民大学出版社，2022 年。

计效果良好的示例，每个游戏都有视觉说明，培养了精细运动技能、快速精确动作、触摸和拖动、捏合、追踪、走迷宫、解决问题等技能，帮助儿童构建结构属性。

建构主义（Learning theory of Constructivism）

建构主义将认知主义扩展到包括更多以儿童为中心和协作的方法。瑞士心理学家让·皮亚杰（Jean Piaget）、苏联心理学家维果斯基（Lev Vygotsky）等人发展了建构主义学习理论。儿童是一个自主和积极的学习者是这一理论的核心。建构主义的研究学者认为，儿童将新经验与旧经验相结合，通过与环境的重复和扩展互动循环积极地建立自己的知识，并在他们前进的过程中构建意义。

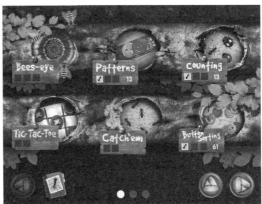

图 2-2 Little Bit Studio 制作的 Bugs and Buttons

建构主义的主要观点是：

• 儿童是他们学习的积极参与者；

• 学习者与他人合作以构建他们的知识；

• 孩子们可以指导他们自己的学习，而不是遵循预定的线性路径；

- 鼓励操作和实验；

- 先前的理解与新的经验相结合，在学习中发挥作用；

- 学习环境是开放式的，而不是受控的可预见；

- 《脚手架》（旨在帮助学生逐步理解）用于支持孩子的探索；

- 教师的角色是导师，与孩子合作并指导孩子。

许多提供开放式的游戏机会或使用虚拟操作来构建新作品的互动设计都是从建构主义中汲取灵感的，包括 SimCity、Minecraft 和帝国时代。Red Jumper Limited 的 Book Creator 也是很好的例子。这个应用程序可以让孩子们以丰富多样的方式创作故事，将视频、音频和图画混合在一起。这些游戏的共同点是它们提供了基本的信息、组件和工具，但它们给了用户或玩家很大的自由来决定游戏的进程。玩家可以以任何他们希望的方式组合和重组元素，尝试构建不同的概念

图 2-3 Red Jumper Limited 的 Book Creator

并创造出独特的东西。这与具有一定数量的选项、固定的路径和结果的其他类型的游戏形成鲜明对比。

人本主义（Humanism）

人本主义学习理论在 20 世纪 60 年代的美国发展起来，主要基于心理学家卡尔·罗杰斯（Carl Ransom Rogers）和亚伯拉罕·马斯洛（Abraham H. Maslow）的工作。人本主义学习理论侧重于将学习者作为一个具有选择和控制的整体，而且更应该关注人的高级心理活动，如热情、信念、生命、尊严等内容。学习以学生为中心，强调尊严、理想和兴趣、目标设定能力以及合作和支持环境的发展。

人本主义的一些关键观点是：
- 学习者的行为受内在动机的影响；
- 该方法以学生为中心，学习是自主的；
- 学习是体验式的，注重过程而不是结果；
- 儿童是主动的探究者，而不是被动的知识接受者；
- 鼓励学习者的个人成长；
- 教师和学生都有促进作用。

人本主义学习理论考虑了多种学习方式并提供适用于不同个体的学习体验，应用于儿童交互设计的方法是让儿童参与。

其他认知发展理论

1. 信息处理理论

理论的主要关注点是理解智力发展所涉及的过程。人类的思维被视为类似于计算机——一个操纵信息的系统。因此，心理硬件和大脑中存储的信息的变化会影响认知任务的表现。Siegler 和其他人已经确定了儿童内部和儿童之间认知任务表现的高度可变性问题。他们观察到，孩子们会从多种策略中进行选择，并且不会像皮亚杰的发展阶段所建议的那样始终如一地遵循相同的策略。然而，随着时间的推移，孩子们确实会适应最成功的策略，即使它可能不会立即提高表现。可变性的另一个原因是儿童可能需要一些时间才能将策略应用于各种任务。在对儿童进行实验和可用性测试时，需要考虑到儿童表现的这种可变性。

2. 特权域理论

特权域理论认为思想是特定于域的，具有相互关联的专门结构。这些理论背后的部分证据来自神经科学及其对认知任务期间大脑活动的研究，表明大脑的某些部分最常致力于某些类型的任务。这项工作提供了证据，证明成熟和经验都在发展中发挥作用。此外，有证据表明，大脑可以适应不常见的情况，将大脑中未使用的部分重新用于通常不被使用的目的（例如，聋儿使用通常专用于听觉处理的大脑部分来进行视觉处理）。一些理论家还提出，儿童生来就具有适应认知任务的学习机制，这些任务对人类特别重要，例如获取语言、识别面孔、感知物体以及区分生物和非生物。这些机制解释了为什么儿童在某些领域的学习速度非常快。[1] 认识到儿童可能学得更快的领域很重要，尤其是在为幼儿设计技术时。

以上的学习理论都提供了一些关于最佳学习条件的见解，其中主要是建构主义对交互设计以及儿童设计领域的工作产生了很大的影响。一方面是关于儿童如何通过适应的过程构建知识；另一方面是关于年龄、经验、社会方面和情感方面在儿童发展中的作用的观点。

与为成年人设计相似，为儿童设计产品首先要全面深刻地理解目标用户，了解他们的需要和需求。但是这两者之间也有很大的区别，其中一个重要的不同之处是儿童用户成长非常迅速。一个2岁大的孩子在6个月时间里，认知能力、运动能力和其他技能都会发生显著的变化。而且，成年用户在交互体验中往往具有非常明确的目的性，但儿童用户仅仅将其当作一段体验式的旅程。在他们眼里，一切都是冒险体验。虽然在设计中依然要遵循一些设计要求和设计目标，但是在

1　Z. Chen & R. S. Siegler，"童年的智力发展"《智力手册》，英国剑桥：剑桥大学出版社，2004 年。

大多数的产品细节上都有更多的发挥空间，并从中享受更多的乐趣。在设计项目开始前有必要对儿童认知能力成长和成熟的不同阶段有一个大概的了解。认知发育阶段的入门知识，包含儿童成长所需经历的不同阶段的信息，可以帮助设计人员为目标用户设计出优秀的产品体验。

　　建构主义的理论认为，学习是通过适应过程发生的，这种适应是一个积极的过程，在这个过程中，儿童通过体验世界并与之互动来构建知识结构。Seymour Papert 是儿童交互设计领域的关键人物，他以基于建构主义的提议扩展了设计。Papert 提出，当儿童"有意识地参与构建公共实体"时，有助于儿童构建知识，并强调让孩子参与设计的重要性。Papert 对计算机交互的研究在很大程度上源于儿童可以使用计算机构建的实体的多样性和复杂性，从而提供更好的学习机会，并推动从被告知学习到边做边学的转变。Papert 还认为计算机为孩子们提供了一种工具，可以将他们的兴趣与孩子们有时缺乏学习动力的科目（例如数学）联系起来，这是提供更好学习机会的关键。[1]

　　建构主义的代表人物瑞士心理学家皮亚杰列举了他认为影响儿童发展的四个关键因素：年龄、经验、社会方面和情绪，这四个因素都对设计儿童技术有直接影响。不同年龄的儿童的认知和运动能力将限制他们与技术互动的能力，了解大多数孩子的年龄特征能够为交互设计师提供有用的指导。其他三个因素在教育技术的设计中至关重要，为儿童提供新的交互体验，促进与他人互动。建立知识结构也需要经验，正如蒙台梭利强调的那样，这强调了通过体验而不是被告知来了解世界的重要性。[2] 数字技术可以通过虚拟环境和模拟为儿童的学习提供独特的体验或增强体验，孩子们也可以通过数字图书馆了解各种学科，也可以通过信息可视化技术探索数据并得出自己的结论。皮亚杰还强调了动机和情绪在发展中的作用。他认为，儿童的学习动机在很大程度上是由于他们的成长、爱和被爱以及坚持自己的动力。Papert 更进一步区分了与儿童生活相关的活动，强调需要为儿

1　D. Kestenbaum，"交互设计和儿童的挑战：我们从过去学到了什么"，Communications of the ACM，第48卷，第35-38页，2005年。

2　玛利亚·蒙台梭利，《蒙台梭利教育法》，中国人民大学出版社，2008年。

童提供足够灵活或多样的学习机会，以帮助每个孩子找到符合他或她兴趣的东西。由于数字技术在提供各种体验和学习机会方面的灵活性，成为一种积极的工具。更具体地说，研究人员在为儿童提供将游戏化融入学习，使其更有趣。游戏化越来越多地应用于教授各种科目，并且在面向小学生的数学学习软件中特别受欢迎。

皮亚杰提出，所有儿童在获得逻辑思维、分析思维和科学思维的过程中都要经历一系列发展阶段。在每个阶段，儿童都表现出典型的行为，并且他们进行的心理操作类型受到限制。皮亚杰提出了每个阶段的年龄跨度，但也承认不同的孩子将以不同的速度经历这些阶段。他提出了四个阶段：感知运动阶段（0—2岁）、前运算阶段（2—7岁）、具体运算阶段（7—11岁）和形式运算阶段（11—16岁）。

以下是皮亚杰发现的一些对技术设计有影响的发展问题。前运算阶段的儿童（2—7岁）以自我为中心，即他们只从自己的角度看世界，很难从别人的角度看世界。这可以从与这个年龄段的孩子合作设计技术的困难中看出。处于具体运算阶段的儿童（7—11岁）更有可能欣赏他人的观点，这使他们能够更好地在团队中工作，并作为与成年人的设计合作伙伴。前运算儿童也倾向于一次只关注一个对象的一个特征。这种限制延伸到理解层次结构。这是为这个年龄段设计技术时要记住的一个重要教训：应避免需要在层次结构中导航的界面，并应提供替代方案。另一方面，具体操作的孩子能够理解层次结构并在他们的头脑中进行反向操作，这可以使他们能够使用更多种类的技术和软件。更抽象的概念，例如使用演绎推理和逻辑分析选项，往往在形式运算阶段（11-16岁）出现更加一致。

俄罗斯心理学家维果茨基 Lev Vygotsky，他在20世纪初开始了他的研究，但直到20世纪70年代才广为人知，他是最早强调社会文化在儿童教育中的重要性的研究者之一。维果茨基认为语言和符号在认知过程中起着至关重要的作用。例如，他认为孩子们通过语言学会了计划行动，他将写作以及更普遍的外部工具和符号的使用视为增强人类认知的方式。作为对此的延伸，他还认为学习本质上是社会性的，他观察到孩子们能够在成人或年龄较大的孩子的帮助下完成任务，然后才能自己完成。在做出这一观察时，他强调了适当的社会支持对儿童学习的重要性。[1] 从维果茨基的想法中得出了一些在交互设计和儿童以及学习科学文献中经常被引用的概念。一是《脚手架》的概念，这是指儿童在完成一项任务之前需要帮助才能完成。一些关于儿童技术的研究指的是提供《脚手架》的数字技术，而不仅仅是教师或父母。[2] 当孩子可以用"脚手架"完成一项任务，但不能自己完成时，他们就处于"近段发展区"。维果茨基认为，当孩子们处于这个区域时，而不是当他们准备好单独完成任务时，才会有好的学习。一旦孩子内化了帮助他们完成任务的过程，他们就能够独立完成这些过程。

许多其他研究人员追随维果茨基的脚步，遵循社会文化学习理论。在这些方法或理论中，儿童的学习被视为一个积极的过程，其中与他人和工具的互动很重要，儿童不是知识的被动接受者。知识不被看作是在头脑中单独构建的，而是与世界或社会相关联地构建的。这些方法在给定的社会文化背景下研究学习，而不是孤立地研究个别儿童。他们研究儿童的认知，因为它与社会联系在一起。有两个层次可以研究社会文化背景：一人层次是孩子所属的国家或地区。研究人员指出，在世界不同地区，不同种类的知识和技能受到不同程度重视。历史上的不同时期也可以提出类似的主张。因此，认知发展将始终通过特定的社会文化背景来看待。可以研究背景的另一个层面是在孩子最接近的地方，即家庭和学校环境如何提供学习机会和支持。不同的家庭和学校价值观会导致孩子在认知发展上走不同的路线。这种方法将学习视为发生在儿童与其环境以及与成人和其他儿童互动的活动中。知识不被视为完全属于个人，而是在他们与所处环境中的工具、人工制品和其他人之间分布。个人与环境之间的相互作用改变了两者。因此，研究的是这些环境情况而不是其中的个人。这些理论，以及社会建构主义等类似领域的理论，指导了教学方法，其中环境被视为学习的一个组成部分，而不是简单地影响个人认知。

在为儿童设计时，考虑孩子的学习方式至关重要。与成年人不同，成年人在

1　[苏]列夫·维果茨基，社会中的心智——高级心理过程的发展，北京：北京师范大学出版社，2018 年。

2　E. Soloway、S. L. Jackson、J. Klein、C. Quintana、J. Reed、J. Spitulnik、S. J. Stratford、S. Studer、J. Eng & N. Scala，"实践中的学习理论：学习者案例研究 - 中心设计"，计算系统中的人为因素学报 96，第 189-196 页，ACM 出版社，1996 年。

某些情况下可能会坚持使用不能完全满足他们需求的产品，但儿童会放弃。当互动体验对于他们的学习阶段而言过于复杂、控制力不足或过于可预测时，就失去了享受乐趣和沉浸其中的机会。然而，当设计团队努力调查其受众，设计符合用户认知的发展阶段，并适应他们逐渐提高的技能水平给予激励和奖励时，儿童用户会做出回应。

第二节　儿童认知发展与体验设计的相关性

了解并掌握用户认知能力的基础知识是至关重要的。在为"正常"范围内的成年人做设计时，我们可以充分信赖他们的演绎推理能力、抽象思维能力、对通用标志和图标的理解能力以及他们对自己行为后果的预知能力，并根据这些进行设计。为儿童做设计时，一旦我们掌握了他们的成长速度，上述的种种能力也就有了参照。

认知发展涉及使用感官来构建空间和身体的内部表征，这些能力是利用数字技术的关键。因此对于儿童技术的开发人员来说，了解儿童的认知发展至关重要。优秀的交互设计通过适合儿童不断发展的认知、情感、社交和身体技能来与儿童建立联系。为4—5岁儿童设计产品与为10—11岁儿童设计产品大不相同。点击交互动画可以吸引低龄儿童，但年龄较大的孩子想要做的不仅仅是点击它们想要挑战，例如完成任务，或与朋友们一起冒险。作为学习理论的延续和讨论儿童认知的起点，儿童认知发展领域相关研究构成了交互设计思想的重要理论基础。设计人员需要特别注意每个年龄段孩子的独有的特征，并针对这些特征为他们做设计。

交互设计是一个以用户为导向的研究领域，专注于通过人与技术之间的循环和协作过程进行有意义的媒体传播。成功的交互设计具有简单、明确定义的目标，强大的目的和直观的界面。对于处于学习阶段的儿童而言，一些复杂的设计可能对孩子们不起作用。从幼儿开始，父母就已经让他们的孩子在早期阶段接触到这些技术。儿童的意识形态是有趣且不可预测的，为了找出他们的想法，可能需要从心理上进行研究。因此，这意味着儿童的意愿，尤其是关于乐趣和激励方面的意愿，对于成人设计师来说可能是难以想象的。我们研究论文的主要目的是探索和检查与交互设计体验相关的儿童的特征以及儿童设计和测试的方法，以便为儿童设计数字产品提供有用的指南或要求列表。

了解设计儿童应用程序所需的要求对于确保数字产品设计真正适合儿童使用非常重要，需要发现来自不同类别的儿童的特征，例如认知、身体和社会/情感发展。因此，在为儿童设计应用程序时必须考虑这些因素。研究人员已经提出了几种对儿童进行用户测试的方法，所提出的方法是关于与儿童互动以观察和分析他们的正确方法。

根据儿童人机交互的特点，设计原则主要分为三类，即认知发展、身体发展和情感发展。书面文字是在人机界面中与人类交流信息的中心工具。传统界面包括基于文本的菜单和帮助功能，但不适合儿童用户，因为儿童的认知可能无法完全理解基于文本的指令。需要文本输入的界面也可能存在问题。因此，培养幼儿的计算机技术阅读技能已成为一项巨大的挑战。不同年龄阶段的孩子有不同的理解水平。为了根据这个标准设计计算机技术，必须考虑字体大小和语言级别。设计师很难预测不同年龄段儿童的字体大小，因为他们不知道哪种尺寸适合儿童。由于阅读和写作水平差异很大，因此儿童界面的设计必须考虑到一个狭窄的年龄段，以充分满足用户的需求。而在身体发育方面，特别是儿童的精细运动控制技能会随着时间的推移而发展。幼儿和成人的身体运动区域大小不同，成人设备绝对不适合幼儿。幼儿仍处于身体发育阶段，他们在拖动按钮和双击鼠标时可能会遇到困难。了解如何使用这些设备已成为幼儿的主要问题：他们知道如何移动手指，但不知道如何以正确的方式移动手指；他们知道如何触摸事物，但他们不知道如何以正确的方式触摸它。研究人员指出，孩子可能无法双击鼠标，而且他们的小手可能无法使用三键鼠标。情感发展涉及动机和参与、社交互动和协作。为了激励和参与，儿童将技术用于教育、社交和娱乐目的。为了成功，产品需要保持他们的兴趣和注意力。这意味着牺牲效率，与提倡精益、简单界面的成人设计原则不同。提高参与的一种方法是设计能够支持儿童感到有能力并控制互动的想法。此外，还必须考虑儿童的注意力模式。以任务为导向的活动分析可能无法捕捉到儿童与技术互动的有趣、自发的本质。儿童在计算机技术上的交互方式已经成为一个值得研究的重要问题，他们的互动模式与成年人完全不同。例如，某些功能是为消息传递而设计的，它适用于成人，但儿童无法理解，可能会认为重复这样做很有趣。在为儿童设计人机交互时，我们需要深入了解儿童在这个问题上的交互方式。

不同年龄段的儿童认知发展与交互体验行为特征

为儿童设计时首先要考虑的一个方面是，他们在认知发展方面与成人不同。认知发展理论为设计师提供了重要的指导。如前所述，正如皮亚杰 (Piaget) 提出了与年龄相关的儿童不同发展阶段理论。在每个阶段，儿童都"不断地创造和重新创造他自己的现实模型，通过将简单的概念融入更高层次的概念来实现心理成长"。这些阶段从感觉运动阶段（出生到 2 岁）到最后一个阶段，即儿童思维涉及抽象推理的正式操作阶段（12—15 岁）。皮亚杰强调了个人和主观重复体验的重要性，以发展对世界的理解并从一个阶段转移到另一个阶段。与儿童认知发展相关的还有维果茨基理论。维果茨基支持将发展视为更具体领域的观点：要理解认知发展，还应考虑获得技能的时间和地点。根据维果茨基的说法，学习是通过与成年人的互动发生的，它基于两个概念：近端发展区，学习者和导师之间特定关系的特征；《脚手架》，一种帮助学习者完成他们自己无法完成的任务的帮助。

一些研究人员强调了在涉及儿童的设计研究中考虑儿童认知发展的重要性，并为设计师编写了具体的指南。在 Chiasson 和 Gutwin（2005 年）的研究中，介绍了面向设计者需求的儿童技术设计原则目录。该目录基于对儿童技术的广泛研究的分析，并按照儿童发展的三个类别进行组织：认知、身体和社会 / 情感。由于动机和参与之间的严格关系，研究者发现解决情感需求需要关注。Gelderblom

(2014) 在文献调查中报告了大约 300 条针对 5—8 岁儿童的技术设计指南。该指南分为六类，整合了相关领域理论，为设计人员提供了实践支持。Mazzone 提供了关于儿童参与共同设计项目的更一般的指导方针。Mazzone（2012）概述了在与儿童共同设计会议中至关重要的元素，例如儿童的角色和空间。 Mazzone 采用 6 个维度来定义一个理论框架，旨在在协调协同设计会议时支持从业者的决策。每个维度侧重于特定元素，概述为什么、谁、何时、何地以及如何：用户及其角色的参与，空间位置特征和 设计实践的持续时间。此外，该框架还列出了有关道德和安全的问题。

从出生到 2 岁的婴幼儿

儿童从出生到 3 岁这个阶段，经历的认知、情感和身体发育的速度简直令人惊叹。从无助的婴儿到活泼自信的蹒跚学步的孩子，儿童不停在吸收和整合大量的信息。发育成长是快速的，以至于这个年龄段的认知和发展里程碑是以月而不是年来计算。婴儿的经验是感知所有未来经验的基础，关于触觉、嗅觉和味觉的。这个年龄段的特征是对探索的热爱。几乎所有婴儿能捡到的东西都会在某一时刻进入他们的嘴里。 他们忙于探索感官世界并学习他们的身体是如何工作的。数字化的科技玩具并不适合 0 到 2 岁的儿童。他们大部分学习是通过对物理环境的探索来完成的。正因为如此，这个年龄段的时间最好花在自由玩耍和发现即时的真实世界环境上，而不是在数字媒体设备前。

3 至 6 岁儿童

这个年龄段的儿童认知处于主动输入模式，对刺激的需求非常强烈。他们对忙碌、娱乐和学习有着永不满足的渴望。他们天生对生活充满好奇，时刻准备着去探索。这个时代的软件和玩具必须通过互动、刺激和易于玩耍来满足他们的需求，以培养自然的探索欲望。这个年龄段的孩子会用他们的注意力来选择他们喜欢的东西。对于 3—6 岁的孩子来说，游戏就是学习，学习就是游戏。无论是用床单和沙发垫建造堡垒，还是过家家和装扮，这是一个充满表现力游戏和想象力游戏的时代。儿童心理学家长期以来一直提倡儿童通过游戏学习重要课程的想法。儿童的"工作"是通过他们的感官探索世界。3—6 岁孩子的父母知道这一点，

图 2-4

他们更倾向于支持提供良好游戏机会的活动（或产品 / 服务 / 应用程序），包括强调"软学习"或"寓教于乐"关于乐趣而不是实现学习目标的需要。这个年龄段的父母希望他们的孩子从事安全和愉快的事情。如果该活动促进了基本的学习或技能，那是一种奖励，不一定是先决条件。

这是儿童持续快速成长和变化的时期，他们正在从蹒跚学步走向独立的幼儿期。这个年龄的孩子倾向于以一种更有想象力的方式来看待这个世界。成年人在记忆和定义"童年"时最常想到的就是这个早期阶段。玩耍、假装和幻想成为日常生活的重要组成部分。这是一个快乐、活泼、迷人的探索时光，但也充满挫折和考验。这个年龄段的儿童仍然以自我为中心的世界观运作，他还不能完全从别人的角度看待事物。由于 3—6 岁的孩子的推理能力仍在发展中，他们不受成人式逻辑思维过程的影响。[1]3—6 岁的孩子对动画角色很着迷，他们相信神话、魔法和童话故事。在儿童媒体中，以及几乎所有魔法和神话故事中，动物和物体都具有人类属性，与主角互动并推进故事情节。他们很容易将人类的性格特征转移到物体或动物，使它们成为表达情感的积极工具。任何东西都可以是"有生命的"，

1　J. Berkovitz，"基于软件的数学课程中幼儿的图形界面"，《计算系统中的人为因素学报》1994 年，第 247-248 页，ACM 出版社，1994 年。

如果它移动，它可能是风中的一棵树、阳光反射形成彩虹，或者在触摸屏上活跃的交互式精灵。设计师和讲故事的人一直以神奇的角色和迷人的奇幻故事来吸引这个年龄段的孩子，引人入胜的动画角色设计将确保该年龄段孩子的持续的注意力。为无生命的物体添加人声通常会给原本无聊的交互带来惊喜，并创造孩子们想要一遍又一遍地重复体验的互动。

3—6 岁的儿童还很需要安全感、感情和鼓励。随着孩子变得越来越独立，父母和孩子之间的联系也在不断发展。良好的人际关系为孩子们进入学校和同龄人世界奠定了坚实的情感基础。这个年龄的儿童仍然需要在他 / 她可以信任的受保护的环境中感到安全。安全和适当的内容对于这个年龄段的父母来说是最重要的。3—6 岁的孩子比年龄较大的孩子需要更多的表扬和安慰。这个年龄段的设计通常包括大量的积极反馈。对孩子们的探索提供即时回应设计可以增强他们的能力，并支持他们对独立和成就的渴望。积极的反馈不一定需要以经常过度使用和重复的"真棒！"的形式出现，也可以是动画、音频或对他们的行为的其他直接响应的形式。

在 6 岁之前，孩子们经常在相同的玩耍活动中使用相同的玩具做自己的事情，实际上是一种平行游戏。为这个年龄的儿童设计，强调支持单独探索和技能的获取，而不是玩伴之间的合作和轮换。

这个群体中的孩子与年龄较小的孩子有一个共同点，那就是一切对他们来说仍然是新鲜的。他们喜欢重复的熟悉度和一致性，因为他们需要时间来整合体验。如果孩子喜欢某种体验，无论是游戏、书籍还是电影，他们往往会一遍又一遍地玩，因为他们通过反复观看或玩耍来积累信息。例如，挖掘通过敲击鸟巢可能发生的事情可以提供许多分钟的迷人游戏。不需要那么多随机动画来保持像这样有趣的小互动，但让它们在视觉上有所不同和令人惊讶的效果有助于让孩子们想知道接下来会发生什么。

在交互式环境中，让年幼的孩子通过激活按钮或功能来控制节奏，让他们有机会通过重复来发现新事物。低龄儿童用户会在使用数字产品时一遍又一遍地点击他们最喜欢的互动热点。 他们喜欢让事情发生的控制权，就像他们喜欢惊喜本身一样。他们对从轻松激活互动中获得的权力感和控制感特别高兴。好的设计通过响应式界面奖励他们的行为，支持他们做某事的感觉，提供孩子们想要的惊喜和授权。

7 至 9 岁儿童

7—9 岁是理性的开始，是个人、团体归属和社会意识形成的时期。这个年龄段的儿童的显著变化是认知发展的提高和更完整地使用逻辑思维的能力，能够更好地遵循数学或逻辑思路。他们希望作为个体获得更大的独立性，因为孩子们专注于学习规则并试图了解他们在世界上的角色。7—9 岁的孩子开始意识到他们的身体特征。与其他孩子相比，他们是更高或更短、更瘦或更结实？他们也更加了解自己的性别，并且倾向于分成男孩组和女孩组。设计师有机会通过将与性别相关的偏好融入角色扮演和幻想活动中来吸引 7—9 岁的孩子。

这个年龄段的儿童可以更好地理解幻想与现实之间的区别。由于身份意识和推理能力的增强，这个年龄段的孩子看穿了"幻想"和"魔法"，逐渐开始理解成年人的现实世界。他们有一种强烈的愿望，想要摆脱所有将他们与小孩子相提并论的东西。他们不想靠近"婴儿用品"，他们会用玩具和他们自己可能喜欢多年的节目来取笑弟弟妹妹，希望将自己与任何"幼稚"的事物区分开来。神秘故事和类似任务的旅程，以及跳棋和国际象棋等经典棋盘游戏，在这个年龄段非常受欢迎。设计师可以通过创建激发逻辑思维并需要解决问题技能的活动，以吸引这个年龄段的孩子。

虽然 7—9 岁的儿童还是喜欢口头指示，但他们已经有能力阅读简单的指示和按钮标签，这在为他们创建内容时会有很大的不同。但儿童的阅读水平各不相同，因此限制文本说明仍然是一个好的设计方式。文本是比图像更高层次的抽象，需要更多的精力去处理。这意味着儿童倾向于在阅读文本之前先查看图像以获取信息。

7 岁以上的孩子会沉浸在将一件事与另一件事区分开来的细节和描述中。随着他们区分特征和特定特征的能力变得越来越明显，他们越来越喜欢收集东西。几十年前，男孩收集运动卡和各种球员的统计数据很流行。现在，男孩们收集奥特曼角色，每个角色都有自己的能力。女孩们常常为娃娃收集配饰。而在虚拟世界中他们更有可能为动画角色收集虚拟服装。

图 2-5 热门儿童应用 TocaHair Salon 为儿童用户提供各种道具和装扮角色的机会

重复操作不再吸引这个年龄段儿童的注意力。7—9 岁的孩子对掌握的渴望是不断发展的自我意识的延伸，如果他们认为自己可以成功，他们喜欢挑战。性别差异开始出现，因为掌握的表达往往采取略有不同的路径。他们更喜欢节奏更快的游戏和活动（尤其是男孩）。拥有许多逐渐困难的关卡可以让孩子们继续

图 2-6 游戏 Fruit Ninja 水果忍者

在他们所知道和能够做到的事情上进行游戏。一些应用程序，例如 Fruit Ninja 或
Dumb Ways to Die，通过简单地要求快速响应来获得成功来创造挑战。不管是什
么游戏，让孩子们接受适当的挑战是让他们保持参与的关键。设计的关键因素是
如何在能力和挑战之间找到平衡点。对用户而言，重要的是要意识到手头的挑战
在他们自己技能的可能性范围内。当孩子们在几乎总是能跟上的水平上玩耍时，
他们最投入，因为他们不断练习，但这也将他们的能力推向了一个新的水平。

10 至 12 岁

这个年龄段的孩子介于儿童和青少年之间，他们已经不想被视为儿童或被当
作儿童对待。

同伴友谊对这个年龄段的儿童来说非常重要，会形成一种延续到青少年时期
的价值观。青少年正忙于建立自己的身份认同，这通常包括一些远离父母而转向
朋友价值观的行为。在这个阶段，青少年正忙于扩大他们的社交。这个年龄段的
同侪压力似乎最大，一群朋友如何穿着和使用科技配饰表达了一种无意识的顺从
和适应的推动。孩子们想要的不仅仅是任何小玩意、背包或衣服，而是他们的
小团体。大多数青少年通过在线或移动设备维持社交生活。发短信、即时消息、

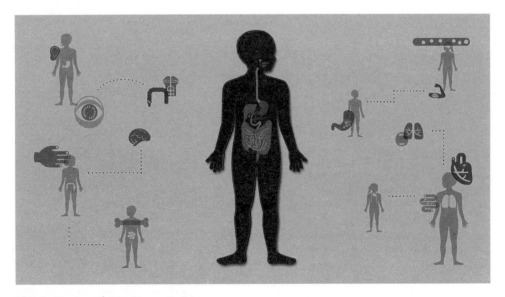

图 2-7 Tinybop 的 The Human Body

Skype 和其他文本 / 视频 / 音频服务很重要，因为青少年可以在探索虚拟空间或一起玩游戏的同时保持正在进行的对话。作为青少年，他们从许多来源获取信息并形成自己的观点，开始在父母价值观的轨道之外更独立地思考。这就是为什么他们喜欢在网上分享他们对问题的看法，也想看看其他孩子的想法。10—12 岁的孩子的身份建设持续到一个新的水平，品牌意识开始在传达身份方面发挥更大的作用。不断倾听目标受众中的孩子的声音至关重要。为这个年龄组设计学习内容必须谨慎。Tinybop 的 The Human Body 是这个年龄段应用程序的一个很好的例子，因为它允许探索从血液到便便的一切，而游戏的重点是青少年最喜欢的主题之一：他们自己。

　　10 岁以上的儿童是一个非常精通技术的群体，他们是在相互连接的"智能"设备中长大的。他们通常是某些技术的"超级用户"，而且他们往往比他们的父母更擅长技术。这些孩子将科技产品视为时尚配饰或进入年龄较大或"更酷"的朋友群体。智能手机在这个年龄段很受欢迎，因为它们让孩子们可以在同一台设备上联系、与朋友不断交流、分享自己的照片和玩游戏。互联网的社交用途对这一群体尤其具有吸引力。他们无法想象没有即时访问的生活。在新兴的交流愿望的推动下，向他们的朋友发送文本和即时消息，并参与在线讨论——可能性是无穷无尽的。特别喜欢多人游戏，他们可以在其中与最好的朋友联系、竞争和分享体验。虚拟世界环境增加了各种社交活动，这些活动比通常在控制台设备上发现的更具合作性和创造性。为了增强他们共享的游戏体验，许多孩子使用在线文本 / 视频 / 音频服务来让沟通变得生动。10—12 岁的孩子对自己的知识和能力越来越满意，他们也希望探索更多现实世界的活动和兴趣。这个年龄段的流行应用程序通常提供构建、制作和做的机会，尤其是与朋友一起。《我的世界》《神奇宝贝》《英雄联盟》《魔兽世界》和其他构建世界的游戏在团队合作、理解商业、在社会结构中工作、创造性地解决问题等方面可能是不经意间变得很有教育意义。然而，有意识地创造孩子们真正喜欢的教育产品是可能的。一个例子是Game Over Gopher，这是新墨西哥州立大学学习游戏实验室的一款数学零食游戏。教育内容——坐标对的绘图——作为塔防战略的一部分融入游戏，它是中学

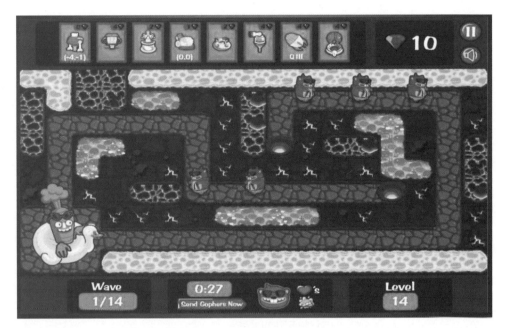

图 2-8 墨西哥州立大学学习游戏实验室 Game Over Gopher

的一个重要数学概念。孩子们喜欢玩游戏，他们甚至没有意识到这是在教数学。对于今天的许多年龄较大的孩子来说，"教育"等于无聊，因为多年的学校教育已经消除了学习中的大部分好奇心、神秘感和兴奋感。任何感觉过于明显的教育都是他们怀疑的。这个时代的设计可以做，但设计师需要注意内在动机和互动。

综上所述，不同年龄的儿童相比较，主要在生理发育（如精细动作控制）、语言能力、记忆力和问题解决能力方面存在差异。

在生理发育方面，精细运动是由人体中较小的肌肉群产生的，例如参与手动活动的肌肉群。精细运动技能是操作输入设备所必需的，大多数关于精细运动技能的研究都集中在操作上：手的使用。内在运动涉及使用手指来操纵手中的物体，外在运动包括移动手和它持有的物体。了解儿童如何发展这些技能对于了解他们在使用这些设备时可能面临的问题类型非常重要。早期的研究集中于对儿童使用计算机设备的书写能力以及对儿童使用鼠标等指点设备的研究。

在 3—7 岁之间，手的内在运动会大大增加。在这段时间里，孩子们学会了完成诸如扣纽扣之类的任务，这些任务需要他们协调双手的动作以及区分手指的动作。关于这个年龄段儿童如何完成运动任务的研究表明，他们首先尝试多种方法来完成特定任务，最终选择最有效的方法。年龄较大的孩子会看到他们的运动速度增加，而他们运动的可变性减少。儿童的手写已被广泛研究。鉴于手持计算机和平板电脑中基于笔的计算交互越来越受欢迎，当幼儿是用户时应该考虑到这一点。在 2—6 岁之间，随着使用书写或绘图工具的能力的发展，儿童的握力越来越接近成人，将他们握住的工具越来越靠近尖端，从而越来越多地使用手指上的肌肉来控制运动。一项研究发现，到 3 岁时，48% 的儿童拥有成人握力，到 7 岁时，90% 的儿童拥有成人握力。书写工具的长度和书写表面的方向（垂直与水平）会影响握把的成熟度。[1] 在绘画方面，儿童 6 岁可以画简单的形状，9 岁可以用线网格复制简单的形状，11 岁可以徒手复制简单的形状。儿童通常从底部开始复制和描摹形状，并以他们的第一个笔画垂直向上移动。绘图程序应避开绘图画布这部分的障碍物。孩子们在 4 岁时就能够写出可识别的字符和数字，但这些通常没有以任何特定的方式组织起来。大多数孩子在 7 岁时就掌握了写大写字母的能力。双手协调包括协调双手在空间和时间上的使用，常见的任务包括用两只手扔球、打开小容器或演奏乐器。在计算机上，键盘上的多键敲击或键盘和鼠标动作的组合使用双手协调。基本的双手协调通常在 2 岁时完成，这些类型的任务的复杂性在接下来的几年中显著增加。[2]

伸手和指向动作通常由一个初始的长时间动作组成，该动作使手靠近物体，然后是较小的动作以抓住物体或指向物体。研究提供的证据表明，即使在进行长时间运动时，视觉反馈也会影响这些任务。换句话说，视觉反馈可以帮助调整动作。本能感觉，或基于来自肌肉、关节和皮肤的反馈对我们身体部位所在位置的感知也提供反馈。[3] 这意味着，根据感知运动过程，反馈必须被整合、处理，并且需要做出如何调整的决定。因此，感知、信息处理、决策和肌肉反应的质量和

1　J. E. Yakimishyn & J. Magill-Evans，"大儿童的工具、表面方向和铅笔握法之间的比较"，美国职业治疗杂志，第一卷，第 564-572 页，2002 年。

2　D. J. Cech & S. Martin，跨生命周期的功能性运动发展。费城：W. B. Saunders，2002 年。

3　B. R ¨osblad，"伸手和眼手协调"，儿童手部功能：补救的基础，密苏里州圣路易斯：Mosby Elsevier，2006 年。

速度都会影响儿童在这些类型任务中的表现。这说明了运动、知觉和认知发展在儿童使用计算机输入设备执行简单任务中的重要性。用于重复敲击、瞄准和钉板、运输等运动任务的神经通路在儿童早期提供了快速的速度增加，到 10 岁时达到与成年人相似的速度。到达轨迹变得更加直接且可变性更小，到 10 岁时再次达到成人水平。这与减少到达目标所需的子动作数量以及到达和抓握动作之间的平稳过渡一起，再次到 10 岁。[1] 研究发现，随着孩子年龄的增长，完成特定瞄准任务的动作变得更加一致，到孩子 12 岁时几乎每次都相同。虽然 6 岁、8 岁和 10 岁的儿童计划了他们的运动，但他们的计划仍然不如成年人的计划一致。儿童也变得更加精通双手任务，尤其是那些涉及不对称使用手的任务。这些结果与儿童使用输入设备（例如使用鼠标）进行操作时观察到的结果非常吻合。

而在记忆力方面，外显记忆涉及有意识地回忆的记忆，包括语义记忆（记住事实）和情景记忆（记住事件）。内隐记忆是保留了未有意识存储的信息，它通常涉及有关如何完成任务的信息。它往往通过重复（例如写字）慢慢建立。年龄较大的儿童在外显记忆任务中具有优势，而年龄较小的儿童在形成内隐记忆时的表现没有差异。儿童使用多种策略将信息存储在长期记忆中。口头排练就是这样一种策略，这种策略开始出现在小学早期。其他策略包括聚类或组织信息、通过视觉图像链接概念、选择最相关的信息进行存储，以及学习复杂材料的技术。在儿童时期，实际使用这些策略的能力有所提高，尽管是以非线性方式，甚至可以包括回归。[2] 儿童技术的设计者可以利用这些策略来帮助儿童学习。

工作记忆和信息处理能力通过帮助记住目标和事实以及提供评估可能的策略和解决方案的能力来帮助解决问题。随着孩子长大，解决问题的经验有助于培养专业知识。领域知识帮助年龄较大的孩子检索有关特定问题的更多相关信息，并识别解决问题的最佳策略。熟悉特定领域的信息有助于释放工作记忆资源，这反过来又有助于记住更多信息。上述因素可以在儿童如何使用技术方面发挥巨大作

1　K. Müller & V. Homberg，"儿童重复运动速度的发展取决于皮质脊髓传出的结构变化"，《神经科学快报》，卷 144，第 57-60 页，1992 年。

2　B·英海尔德，学习与认知发展，上海：华东师范大学出版社，2001 年。

用。在进行实验和可用性研究时，记录儿童的背景和专业知识非常重要，并努力使其与给定技术的目标人群中的儿童相匹配。与 10 年前进行的实验相比，这些专业问题也可以解释最近进行的实验中发现的一些差异，尤其是幼儿不太可能有使用计算机的经验。

小学的儿童外在皮亚杰的具体运算阶段，只要有一定的证据，就可以推断出事实，即使事实与他们当时的看法相矛盾。在皮亚杰的保护任务研究中，当将水倒入较高的较薄玻璃杯中时，学龄前儿童通常认为比较短的较厚玻璃杯能容纳更多的水。学龄前儿童更有可能专注于一项任务的一个方面而忽略其他方面，而年龄较大的儿童可以感知到关于一项任务的更广泛的信息，这使他们能够做出更好的决定和推理。同样，学龄前儿童更有可能专注于任务的当前状态，而不太注意之前发生的事情或预测接下来会发生什么。另一方面，小学生在解决问题和做决定时会牢记以前的事件，从而获得更好的结果。[1]这些发展差异表明，与年龄较大的儿童相比，学龄前儿童为做出技术决策而呈现信息的方式应该有所不同。此外，小学生也可以使用补偿的概念，而他们可以说较高的玻璃与较短的玻璃具有相同的液体量，因为它更薄。在解决软件问题时，可逆性很重要，并且有助于用户界面的导航。小学生也比学龄前儿童更有可能使用定量测量来解决问题或做出决定，而学龄前儿童更有可能进行定性评估。设计师在向儿童提供反馈时应考虑到这一点。中学生处在皮亚杰的具体运算阶段和正式运算阶段之间的过渡阶段，在推理时倾向于使用经验证据。他们通常根据他们通过感官感知到的证据做出决定。[2]

第三节　数字技术的负面影响

随着儿童花在数字设备上的时间越来越多，家长、教育者和儿童权益倡导者

1　B·英海尔德，学习与认知发展，上海：华东师范大学出版社，2001 年。

2　J. H. Flavell, P. H. Miller & S. A. Miller，认知发展。新泽西州：Pearson，第四版，2002 年。

的担忧和困惑也与日俱增。因为，专家对数字时代的益处和风险尚未达成共识。相互矛盾的信息让许多父母左右为难，他们一方面认为应该限制孩子的"屏幕时间"，另一方面希望孩子使用最新设备，不至于落伍。虽然争辩尚未结束，但有一件事是明白无误的：正如通过网络接触到海量信息以及娱乐和交友机会可能使全世界儿童受益，无限度地，尤其是不受监督地使用网络也有可能对儿童造成伤害。所以，我们的任务是找到能支持和指导儿童的恰当方式，以帮助他们最大限度地从网络生活中受益。

技术并不总是给儿童带来好处，实际上有时可能会伤害他们。以下是儿童在使用技术时面临的各种风险的简要概述，并提供了如何避免这些风险的建议。

儿童技术需要在设计中遵循常识以避免身体伤害。美国儿科学会提供了一些常识性建议，包括避免锋利的边缘、有毒物质以及窒息、挤压或勒死的危险。技术设计人员还应该意识到肥胖等身体影响。有证据表明，大量看电视会导致肥胖，并由此导致糖尿病和心血管疾病，尽管尚不清楚这是由于久坐不动的生活方式、接触不健康食品的广告，还是两者兼而有之。正如 Risden 等人的研究，发现计算机具有使问题成倍增加的潜力，将广告作为游戏一部分的互动广告对 10—14 岁的儿童比在电视上看到的广告更有效，儿童更容易回忆起品牌名称和产品。[1] 因此，游戏设计师应提前告知家长游戏中的广告。面向儿童的技术应避免妨碍儿童进行身体活动的互动，并注意促进不健康饮食习惯的内容的负面后果。社交网络网站和在线社区也可能使儿童面临人身风险。在这些社区中创建个人资料、在博客中写作、分享图片和视频以及参与聊天室时，儿童可能会泄露个人信息，从而使他们面临成为掠夺者目标的危险。

幼儿看电视过多与小学的注意力问题以及阅读能力差有关。一项研究发现，在学校概念和认知的标准化测试中，接触计算机的学龄前儿童得分高于未接触计算机的学龄前儿童。然而，使用频率对这些分数没有影响。[2]

---

1 K. Risden, M. Czerwinski, S. Worley, L. Hamilton, J. Kubiniec, H. Hoffman, N. Mickel & E. Loftus, "互动广告：使用模式和有效性"，载于《人类学报》计算系统中的因素 98，第 219-224 页，ACM 出版社，1998 年。

2 X. Li & M. S. Atkins，"幼儿计算机体验与认知和运动发育"，儿科，卷 113，NO. 6，第 1715-1722 页，2004 年。

电视也与减少与朋友和家人交谈以及户外玩耍的时间有关。儿童访问的媒体内容也会通过引起恐惧、抑郁、噩梦和睡眠问题影响情绪健康。不过，最严重的问题与暴力内容有关。无论社会经济地位、智力能力以及诸如攻击性和电视习惯等育儿因素如何，儿童期观看电视暴力都与男性和女性在儿童期和成年期的暴力和攻击性行为有关。一项区分不同类型儿童电视的研究发现，在 2—5 岁期间观看针对儿童的暴力电视节目的儿童比观看的儿童在 7—10 岁之间更容易出现反社会行为，非教育性非暴力电视节目以及教育性非暴力电视节目的反社会行为相关性最低。[1] 暴力视频游戏也与攻击性有关。Lieberman(2001) 警告说，儿童所经历的媒体内容中的暴力行为会产生负面后果，这可能导致暴力和敌对行为、对暴力接受者的痛苦和苦难的脱敏，以及恐惧和焦虑。Hoysniemi 和 Hamalainen(2005) 提供了一个可能发生的例子。他们发现，玩家使用真正的武术动作来对抗虚拟对手的游戏会导致幼儿不了解诸如拳打脚踢等暴力行为的后果。他们举了一个例子，一个 4 岁的孩子打了他的父亲，但他认为打他不会疼。为避免这些问题，如果显示暴力，则应将其与其负面后果一起显示，而不是被美化、奖励和呈现为娱乐。

同样，内容可能会对危险的性行为和吸毒产生负面影响。内容提供者不应将这些活动展示为随意、有趣和令人兴奋的，而应避免展示它们或将它们与其负面后果一起展示。互动暴力和危险行为在电子游戏中已经存在了几十年。虽然评级系统、家长控制和参与其中的成年人有所帮助，但仍有一些孩子在玩这类游戏。媒体内容和视频游戏也会给儿童带来负面的性别、种族和种族刻板印象。性别主题也可能存在问题，因为 Joiner（2018）发现仅仅改变游戏的激励主题以使其更适合女孩并不会使其对女孩更具吸引力，反而会降低对男孩的吸引力。设计师可能不得不超越激励主题。Passig 和 Levin（2012）发现，与多媒体应用程序交互的方式对幼儿园儿童满意度的影响因性别而异。女孩看重在学习、接受帮助和视觉外观时能够写作，而男孩则看重控制、速度和导航。儿童也可能受到其他儿童创建的内容的影响。这通常被称为网络欺凌，孩子们使用技术来骚扰、威胁、折

1　D. A. Christakis & F. J. Zimmerman，"学龄前观看暴力电视与学龄期反社会行为有关"，儿科卷。120，第993-999 页，2007 年。

磨、羞辱或让其他孩子难堪。选择的技术各不相同，但这些攻击可能涉及通过文本或即时消息、电子邮件、网站上的帖子、假冒、身份盗窃、发送恶意软件以及发布令人尴尬的视频或图片进行骚扰。

儿童在可能在网上面临的风险多种多样，这就需要多样化的应对方式，既要关注儿童行为，也要关注技术解决方案。然而，所有应对方式的共通之处在于都需要广阔的视野：无论儿童面临着何种风险，保护儿童网络安全的措施应该是全面的、协调的，并且充分地考虑儿童生活的方方面面，吸纳父母、教师、政府、企业和儿童自身等能够在儿童安全保护中有所作为的相关方面。

关于未来的发展方向，任何关于数字时代儿童面临的风险和伤害的讨论都不能忽视以下观点：在最近一次调查中，大多数能够联网的儿童都将网络视为生活中的积极元素。在试图保护儿童的同时，我们应当减少对限制使用的过度关注，而是更加注重儿童与照料者之间开诚布公的交流，以及提升儿童的数字意识、抗逆力和风险管理能力——不仅是当前的风险，还有一生中可能出现的多种风险。

儿童交互体验设计

为儿童做设计并不是将一切为成人用户设计的内容、图形和交互"简单化"。设计需要有意识地理解目标用户，了解儿童的认知、身体和情感发育所处的阶段，以确保设计可以恰如其分地与之匹配。如果只关注为儿童设计与为成年人设计的不同点，则容易忽略优秀数字产品设计的基本框架。

了解儿童的发展并意识到潜在的风险并不能为设计开发提供足够的信息，儿童也需要以某种方式参与其中。本章是儿童参与设计过程的不同方式的概述，以及关注儿童作为设计伙伴参与的案例研究。本章的讨论将不仅集中在了解什么是共同参与设计，而且还将关注这些体验是如何产生的，以及为什么这些对最终儿童用户很重要。

第一节　将儿童纳入设计过程

1. 从为人设计到与人一起设计

在 20 世纪 70 年代，以用户为中心设计方法（UCD）作为一种交互设计方法出现，其特点是将用户知识复制或转化为设计人员可以使用的原则和规定。在用户为中心设计方法中，用户是中心信息源，目标是"发现很多关于用户及其任务的信息，并使用这些信息来为设计提供信息"。设计人员应该关注正在设计的内容，例如，产品、界面、服务，寻找确保满足用户需求的方法（Sanders, 2002）。

UCD 的最终目标是提升用户对系统、产品或流程的体验。用户被置于设计和开发生命周期的中心。UCD 旨在通过在设计过程的所有阶段考虑用户视角和认知因素来实现这一目标。从一开始就考虑用户的观点和要求，用户成为设计过程中必不可少的一部分。通过赋予用户积极的中心角色，可以消除系统实际工作方式与用户感知和交互方式之间的差距。

多年来，多个研究领域和学科在设计过程中采用了以用户为中心的方法：教育、建筑、商业、视觉设计、交互设计和体验设计。 UCD 成为一种多学科方法，包括应用关于人为因素和人体工程学的知识和技术。设计团队中不同类型的专业知识的存在成为创造可用产品的基础：不同领域的专家与设计师坐在一起，共同创造产品，因此设计师的角色是以持续的方式找到最佳解决方案（Gothelf, 2013）。目前，UCD 不是一种特定的设计方法，而是一种通用的设计方法。根据要制造的产品的性质以及实现项目的组织的特点，它可以以多种方式具体开发。

UCD 过程 UCD 由 ISO 于 1999 年定义。该标准编号为 13407，规定了 UCD 基础的基本原则——该标准的目标是确保交互式系统考虑到用户的需要以及开发者和所有者的需要。标准 ISO 13407 已更新并重新发布为 ISO 9241 - 210："人机交互的人体工程学，第 210 部分：交互式系统的以人为本的设计"。这是一个流程标准，对推荐用以人为中心的设计的活动进行了概述。该标准描述了确保设计过程以用户为中心的六个关键原则：（1）设计基于对用户、任务和环境的明确理解；（2）用户参与整个设计和开发；（3）以用户为中心的评价驱动和细化设计；（4）过程是迭代的；（5）设计着眼于整个用户体验；（6）设计团队包括多学科的技能和观点。遵循 UCD 原则的基本原理是，提供的产品更易于理解和使用。实施这六项原则的 UCD 流程，可以概括为四个主要的一般阶段：（1）分析：识别相关人员和使用环境；（2）规范：确定需求或用户目标；（3）设计和原型：通过阶段创建设计解决方案，从粗略的概念到完整的设计；（4）评价：用户反馈，最好通过可用性测试。

UCD 过程有许多变体。根据需要，设计人员可以在许多不同的方法和技术中进行选择，无论他们是在探索需求还是测试解决方案，都可以在许多不同的设计情况下采用相同的方法（Westerlund et al., 2003; Bevan, 2009）。在传统的 UCD设计过程中，用户主要参与系统需求阶段和可用性测试，他们没有参与设计阶段和原型实现，这些阶段主要由设计师和专业人员执行。精益用户体验（Lean UX）方法越来越受到关注，它是 UCD 的一个分支。精益用户体验设计大量使用最低价值产品的概念，例如低保真原型。这些用于尽快和尽可能频繁地与用户一起创建或评估替代想法。

2. 儿童在设计过程中可能扮演的角色

儿童作为用户的参与经常发生在设计过程的开始或结束时。民族志是儿童作为用户参与时可能发生的活动类型的一个例子。这些活动通常涉及观察。在设计过程的开始，先评估孩子的兴趣、他们当前的活动以及他们目前如何使用技术。在设计过程结束时，他们可以了解所开发的技术如何影响儿童的生活以及他们学习的方式或内容。例如，可以在使用教育技术之前和之后对儿童进行学科测试，以评估其有效性。这种方法的主要缺点是儿童不会直接影响正在设计的技术的设计，并且在工作完成之前不会提供反馈。因此，虽然儿童作为用户的参与可能是有用的，但如果单独使用，可能会开发一项不会满足儿童需求或考虑到他们能力的技术的可能性。

在研究和实践项目中，孩子参与设计过程的最常见方式也许是作为测试者。在担任这个角色时，孩子们会测试竞争产品、原型和完成的产品，以便设计师和开发人员可以获得关于他们的设计的反馈以及使技术具有竞争力的宝贵信息。无论目标用户群如何，尽早发现设计问题可以大大降低成本并提高技术质量。虽然作为测试员参与的儿童可以在开发高质量技术方面大有帮助，但这种方法仍然无法让儿童在设计过程中拥有发言权。所有的设计决定仍然是由可能不太记得小时候是什么样子的成年人做出的。

参与的下一步是让儿童作为信息提供者参与。在这个角色中，孩子们在开发和设计过程的关键点与作为顾问的设计团队分享想法和意见。这个角色提供了一种折中方案，让孩子们能够在设计过程中贡献他们的想法，同时又足够灵活，适用于短期项目或需要快速周转的项目。儿童可以通过访谈、问卷调查、焦点小组和类似活动来参与这个角色。

许多研究人员还研究了如何评估儿童技术。汉娜等人（2011）建议在评估游戏时，将游戏创意和游戏艺术分开呈现给孩子，以获得最多的反馈。他们还建议让成对的孩子在没有观察者在场的情况下一起参与评估。一些相同的作者也有以前的可用性测试指南。阿尔斯等人（2005）比较了可用性评估技术，发现彼此认识的 13 岁和 14 岁儿童比不认识的儿童或单独使用软件时大声思考的儿童更容易发现更多的可用性问题。与这些发现相反，Van Kesteren 等人（2016）评估了六种评估方法，看看哪些方法能引起 6 岁和 7 岁儿童的更多口头评论。他们发现，当研究人员在任务期间提出问题时，在主动干预会议中获得的口头评论最多。他们没有发现成对的孩子一起工作的共同发现课程也很有效。其他技术效果更好，例如大声思考、回顾和同伴辅导。Edwards 和 Benedyk（2017）比较了积极干预、同伴辅导和跨年龄辅导作为 6 — 8 岁儿童的可用性评估方法。他们发现同伴辅导似乎效果最好，而跨年龄辅导引起的评论最少。Hoysniemi 等人（2013）成功地使用同伴辅导作为一种通过其可教性和可学习性来评估系统可用性的方法。他们尝试让教其他孩子如何玩游戏的 5 — 9 岁的孩子进行同伴辅导。

　　与幼儿一起工作可能更具挑战性。Hutto Egloff（2014）指出，对学龄前儿童进行可用性研究很困难，因为这个年龄段的孩子不能长时间执行任务，试图取悦成年人，容易分心，并且难以表达他们的好恶。Markopoulos 和 Bekker（2020）开发了一个框架来评估儿童的可用性测试方法。他们建立了三个维度来考虑：评估方法的标准、描述方法的特征以及被测儿童的特征。在评估方法的标准方面，他们提到了稳健性、可靠性、有效性、彻底性和效率。在方法描述方面，特征是：参与者的数量和分组、评估者、上下文、程序、数据捕获和任务。最后，儿童可以在语言能力、外向性、性别、注意力、思维能力、自我报告的可信度、知识和年龄方面进行表征。Garzotto（2018）提出了用于评估教育多人在线游戏的经验测试启发式方法。启发式是根据内容（例如目标适当性、整合、支架、可扩展性、媒体匹配）、享受（例如明确的目标、专注、反馈、沉浸感）和社交互动（例如联系、合作、竞争）来组织的。麦克法兰等人（2018）研究了可用性和有趣措施之间的关系。根据对儿童的观察以及儿童对软件的评价，他们发现两者之间存在正相关。他们还发现，评估的可用性和乐趣取决于是通过观察儿童还是通过儿童报告获得的。

　　该领域的大部分研究都集中在为儿童设计技术的过程上。在这方面，儿童的参与范围很广，从测试人员到设计合作伙伴，如设计方法论中所述。以下是对该领域最近研究工作的调查。Wyeth 和 Purchase（2016）强调在形成儿童技术设计概念时需要考虑发展心理学文献。他们根据对皮亚杰前运算阶段（7 岁以下）儿童的建议提出了设计原则，其中包括支持开放式和以发现为导向的活动、儿童发起的游戏、主动操纵和改造实物、简单的入门方法、提高技能的挑战以及创造事物的机会。许多研究人员让儿童作为线人参与。例如，刘易斯等人（2017）报告了使用演练来引出软件设计，儿童可以在其中探索科学模型的创建。Chen 等人(2015) 与 10 岁和 11 岁的儿童一起开发社区网站的基于网络的用户界面，孩子们被要求为网页设计布局。比较从该活动开发的用户界面的评估发现它比流行的商业用户界面更有用。威廉姆斯等人 (2010) 报告了与 11 岁和 12 岁儿童进行的两个研讨会，以评估儿童对可穿戴计算的潜在使用。孩子们作为线人参加了这些研讨会，并能够与研究人员进行对话，但没有详细阐述想法。同一个团队再次与儿童作为线人合作，开发并获得关于增强 GPS 的移动设备的反馈，儿童可以使用这些设备用声音标记位置。Sluis-Thiescheffer 等人 (2012) 比较了使用头脑风暴和原型设计与儿童一起开发设计理念。他们发现原型设计活动让孩子们提到更多的物体或技术，而头脑风暴活动导致更多的选项规范（例如数字、位置、功能和价值）。许多研究人员提出了新的活动，用于获得需求并与儿童一起开发设计。贝克尔等人 (2013) 开发了一种方法，让孩子们扮演记者并使用采访、写文章、拍照、绘画和填写问卷作为过程的一部分。同样利用儿童的创造力，Moraveji 等人 (2015) 报道了成功使用漫画作为从儿童那里获得设计理念的一种方式。他们发现，如果孩子们在有开头和结尾的漫画中填空，他们可能会比给他们空白页来做传统的故事板产生更多的想法。

Antle（2013）报道了通过基于信息提供者的技术和以儿童为中心的可用性测试设计的基于网络的协作讲故事环境的设计。Antle（2015）继续探索基于信息的技术，并通过成功使用基于儿童的角色来增强它们。这些角色是基于儿童线人的虚构角色中体现的用户配置文件，可帮助开发人员在无法与儿童见面时牢记儿童的多样化需求。还考虑到个人特征，弗拉纳根等人（2016）讨论了发现价值并将其纳入儿童软件设计的方法，包括项目、设计师和儿童的价值。丁德勒等人提出了一种名为"火星任务"的技术，旨在从儿童那里获得需求。在这种技术中，孩子们相信他们正在与一个想了解他们生活的火星人交流。许多研究人员报告了他们在与儿童合作设计技术的活动中的使用情况。伊索穆苏等人（2014）与9—18 岁的女孩进行设计活动。他们使用基于网络的讲故事活动来引出设计理念。琼斯等人（2018）在两个独立的项目中使用了合作探究技术，并且在 7—10 岁的儿童理解低保真原型的概念时遇到了困难。Knudtzon 等人（2017）对10—13 岁的儿童进行了合作探究活动，发现他们必须调整到更接近成人参与式设计的活动。

其他人研究了儿童作为设计伙伴参与的合作探究和其他技术的适应情况。罗德等人（2017）引入了以课程为中心的设计概念。这种技术是合作探究的一种变体，它将设计和评估作为学生课程的一部分，以便能够使这些活动适应孩子们高度结构化的学习日。古哈等人（2014）报告了由于4—6岁的儿童以自我为中心的特点，他们很难使用合作探究技术。他们推荐的方法仍然考虑到许多孩子的想法，同时让他们感受到设计过程的一部分，尽管孩子们很难从别人的角度看待问题。斯金格等人（2016）主张不按特定顺序使用设计活动，以充分利用适合设计过程的顺序。他们认为设计过程中可能改变顺序的四个方面是：技术介绍、问题陈述、想法的产生和研究结果。Lamberty和Kolodner（2014）报告了使用摄像机作为四年级儿童设计活动的一部分的积极影响。相机不是破坏性的，而是为孩子们提供了一种表达意见和想法的方式，并为设计师提供了有价值的信息。

儿童参与设计过程的最高级别是当他们作为设计合作伙伴加入，这个角色的想法是让孩子们成为设计团队中的平等伙伴。这并不意味着孩子们告诉成年人该做什么，而是设计理念来自成年人和孩子们合作的过程。儿童作为设计伙伴加入到设计过程的相关研究发现，与儿童合作面临的挑战来自让儿童（特别是4—6岁的儿童）阐述自己的想法。如果孩子们觉得自己没有被倾听，或者团队正在修改他们的想法，他们可能会明显感到不安、退出设计体验或破坏设计活动。

关于将儿童作为合作伙伴纳入设计过程的研究，美国马里兰大学开发了一个关于混合创意技术如何与儿童合作的案例研究，是一套与儿童设计合作伙伴合作的技术，并将其称为合作探究。[1]合作探究使用的技术是：技术沉浸、情境探究和参与式设计。该研究针对11名5—6岁的不同种族儿童进行，有5名男孩和6名女孩在为期4周的时间内与5名成年人一起工作，每周举行两次为期一小时的课程。研究专注于为中心时间开发新技术：在美国学前班的课堂上，幼儿能够选择探索、玩耍和学习的内容，包括用积木搭建、玩电脑游戏、读书等。研究人员向儿童提出的核心问题是"如果可以的话，你会如何改变教室里的中心？"。第一阶段：让每个孩子产生想法。研究人员通过让每个孩子观察他们在中心工作的同龄人来开始研究。在这个阶段，每个儿童都与一个成年人一对一地工作。孩子

---

1 A. Druin，"儿童在新技术设计中的作用"，行为与信息技术，卷21，No.1，第1-25页，2002年。

们观察他们的同学，并画出他们看到的东西。大人们用孩子们的话来注释日记的图画。这个阶段的儿童日记中的例子包括"艾伦和彼得在玩糖果乐园"等观察。在孩子们画完他们看到的东西后，研究人员让他们画出让这些中心"变得更好"的方法。孩子们提出了这样的想法，例如"我希望能够在戏剧表演中打扮。当你按下按钮时，衣服会自行行走并发出声音"。第二阶段：想法的初步混合。在这个阶段，两三个孩子与团队中的五个成年人组成四个小组。在每节课开始时让孩子们解释他们的个人想法并展示他们画的日记。然后向孩子们通过烘烤饼干的类比来解释如何混合想法：每种成分本身的味道可能不是很好，但是一旦将所有成分混合在一起，就会得到比每种成分都更好的美味佳肴。研究人员让孩子们闭上眼睛，把他们所有的想法都放进一个"搅拌碗"里，然后搅拌一下，看看会有什么结果。然后，孩子们和大人开始讨论混合想法的可能方法。一旦小组达成初步共识，他们就为该中心命名，并将他们的想法写在一张桌子大小的纸上。第三阶段：混合大创意。在研究人员让 11 个孩子聚在一起之前，设计师讨论了将两个想法合二为一的可能方式，提供了可能的路线图，为最后的混合会议做准备。在准备过程中，研究人员将上一阶段的想法切成小图。在最后的混合环节中，孩子们重新排列了图片，并用胶带将它们粘在一起，以此开始思考如何将他们的想法融合在一起（见图 3-3）。然后用一张大纸画出了最终的大创意，称为 Story Game Fun House（见图 3-1、图 3-2）。在混合想法的早期阶段，许多更具体的想

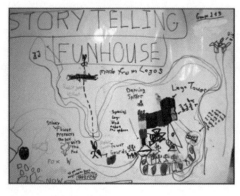

图 3-1 绘制和混合想法

图 3-2 绘制和混合想法

法可能会在最终的大想法中丢失。尽管个人想法可能不会在最终概念中立即显现出来，但混合和精心制作的过程激发了想象力和创新，每个儿童和成人都能感觉到他们影响了最终结果。在项目过程中，孩子们经常参观其他团队成员的创作，从而进行协作游戏、连接想法和协作构建新想法。

研究人员通过询问孩子们最喜欢什么以及他们觉得成为设计合作伙伴中"最难"的部分来结束混合想法的过程。儿童在他们的日记中写下他们的想法，并让一个成年人

图 3-3 Story Game Fun House

为他们的画作注解。由于这个年龄段的大多数孩子还不能以书面形式清楚地充分表达他们的想法，因此绘画为他们提供了一种表达方式。让成年人为他们的画作注解可以更完整地表达他们的想法。虽然孩子们认为绘画是混合想法中最困难的部分时，他们指的是在他们的日记中单独画出想法。在与他们进一步讨论后，研究人员认为他们所指的不一定是绘画行为，而是绘画之前的个人想法产生过程。一些孩子还认为混合想法是这个过程中最困难的部分。一个孩子发现很难将想法连接在一起，另一个孩子很难在大纸中间画图。研究人员通过改进方法，以使儿童更容易混合想法。通过混合想法的过程，研究人员了解到儿童在头脑风暴过程中需要更多的结构来协作。通过鼓励以更小的步骤产生想法，并建立与他人合作的参数，这些年幼的孩子在头脑风暴过程中减少了挫败感并提高了工作效率。然而，这个过程的挑战在于获得"大创意"所需的时间。这不一定是一个可以快速发展的过程。通过在个人头脑风暴和分享个人想法的时间开始混合想法过程，儿童会觉得他们在混合想法的时候被听到了。此外，成人和儿童之间的一对一工作

可以确保孩子们的想法得到交流并有据可查。儿童绘画与成人注释的方法也可以帮助可能难以用文字表达自己的想法的幼儿。使用一些物理混合的想法，例如剪切和胶带，有助于减轻孩子们可能因不断绘画而感到的任何疲劳。混合想法这个项目成为与幼儿合作探究的重要组成部分，与这些年幼的孩子混合想法的过程提高了其他为年长儿童设计的合作探究技术的有效性。

在近年来的研究中，儿童和成人可以合作开发低保真技术原型。在设计过程的早期，或者如果他们正在设计具有物理属性的东西，他们可以使用各种美术用品，例如纸张、记号笔、纸板、盒子、袜子和电线。如果设计在计算机上使用的应用程序，他们以后可能会专注于在大纸上画草图。儿童作为设计合作伙伴加入的优势在于，他们将为设计过程提供更多的投入，这可能会导致技术更好地满足他们的需求、兴趣和能力。

儿童参与这一角色的主要挑战是，发展这些伙伴关系通常需要时间。大多数孩子还没有准备好立即作为合作伙伴做出贡献，因为他们不习惯扮演这样的角色。此外，如果一次只做一个项目，可能很难在原型上取得足够的进展，从而值得定期与孩子们见面。由于并非所有研究人员都有适合与孩子见面进行设计活动的场所，因此组建这样的团队可能也很困难，而且也很难招募一群可以定期见面的儿童。设计合作的另一个问题是，与一小群孩子一起工作可能会使设计偏向于这些儿童。这个问题可以通过在更广泛和更具代表性的儿童群体中测试该技术来解决。其他研究人员已将合作探究技术应用于他们的独特情况，包括不同年龄和能力的儿童以及研究实验室以外的地点。

3. 与儿童有关的参与式设计研究

如今，参与式设计被定义为一套理论和实践，强调最终用户作为设计过程的完全参与者的角色；本质上，用户是共同设计师。参与式设计（协同设计）一词已开始被越来越多地使用，被认为是从以用户为中心的设计研究向前迈出的一步。参与式设计（协同设计）不仅仅是一种方法或一套方法论，它是一种心态和对人的态度。它相信所有人都可以为设计过程提供一些东西，并且当给予适当的工具来表达自己时，他们可以既表达清楚又富有创造力（Sanders，2010）。多年来，对参与式设计（协同设计）已在多种背景下进行了探索，并在不同的项目中实施。例子包括教育、家庭、公共环境、医疗保健、社会科学、行动研究、开源平台和社交媒体等。

参与式设计在20世纪70年代出现在斯堪的纳维亚半岛，部分原因是工会推动工人对他们的工作进行更民主的决策影响（Muller and Kuhn, 1993）。参与式设计源于对在日益计算机化的环境中赋予工人权力的承诺，认为在工作场所使用技术并受其影响的人应该在其设计中发挥关键作用，旨在开发包容性和民主的解决方案。或者正如Björgvinsson及其同事（2010）所说："参与式设计的主要方法是组织项目与组织内可识别的利益相关者一起，关注权力关系以及将资源赋权给弱势和边缘化群体。"参与的形式和程度因项目而异，工人对决策过程的实际影响也是如此。此外，参与式设计的赋权理想与更务实的基本原理同时存在，例如提高构建技术的知识，使人们能够制定现实的期望并减少对变革的阻力。参与式设计最初对赋权和民主的呼吁与特定的历史背景有关，在这种背景下，大多数技术都是为工作场所定制的，而且规模相当小。随着社会发展，技术的使用已经扩展到我们的家庭和休闲时间，这导致新技术和领域的扩展，扩大了参与式设计的范围。在参与式设计中，用户参与达到更深层次：用户积极参与设计过程，成为设计团队的重要组成部分（Muller and Kuhn, 1993；Schuler and Namioka, 1993；Greenbaum and Kyng, 2020）。

在儿童交互设计的研究中，通过尊重儿童用户对技术设计的兴趣来符合参与式设计价值观。在参与式设计观念的影响下，儿童作为技术的被动用户的角色逐渐扩大为与研究人员合作设计新技术的积极参与者。如前所述，美国马里兰大学的学者Druin是最早在儿童交互设计研究中提出授权一词的人之一。为了确定儿童对新技术的需求，她和她的同事直接与孩子们合作，共同创建了低技术含量的原型。通过这种方式，研究人员可以识别出原本可能没有考虑过的新技术可能性。同时，儿童也可以受到启发和赋能。当孩子很少有机会发表意见而被成年人认真对待时，情况尤其如此。参与设计过程可以进一步增强孩子们在社交和学业上的信心，因为他们开始将自己视为不仅仅是技术的用户，并意识到他们的影响力。[1]这种关于儿童在设计过程中的角色的观点在此后的几年中得到了许多书籍和文章的呼应，包含 Read 和他的同事（2002），他们将赋权视为一种共同设计的体验，而 Iversen 等人（2017）表示需要在研究和设计过程中扩大目标人群并赋予弱势儿童权利。他们提出了一个研究，重新点燃了早期参与式设计项目中的民主、技能和解放的理念，并展示了这些理念如何与儿童交互设计研究中的挑战产生呼应。他们倡导儿童不仅设计技术，而且"通过参与设计工作发展新的见解、设计能力和对技术的批判立场"。反过来，Iivari 和 Kinnula（2018）对围绕儿童真实参与的论述进行了批判性研究，得出的结论是，尽管研究人员的意图是最好的，但由于成年人做出了最终决定，因此通常不允许儿童承担真正的责任。在后续研究中，他们提出了通过能力建设赋予儿童设计活动能力的指南。这与 Van Mechelen 及其同事（2015）产生了共鸣，他们将目标从技术设计扩展到技能发展，以便在设计过程之外赋予儿童权利，并让他们为迎接 21 世纪的挑战做好准备。在赋予儿童权利的过程中，人们也尝试在参与式设计和儿童教育之间架起桥梁。在 DiSalvo 及其同事（2017）编辑的一本关于学习的参与式设计研究的书中，来自学习科学和设计领域的贡献者探讨了参与式设计如何为学习创新的发展、实施和可持续性做出贡献。Villacres 和 DiSalvo（2020）后续的研究对这一探讨做出了回应，他们建议教师扮演初始阶段设计师的角色，教师"创造一个教育环境，使学生能够积极地指导自己的学习，通常作为项目的一部分基于学习活动"。这些开创性的著作、书籍和文章，表明参与式设计中的赋权一直是儿童交互设计研究领域的一个热门话题，并被置于更广泛的社会文化背景中探索。参与式设计（协同设计）可以概括为是一个过程，规划、调整工具和便利化建立在基于协作的心态之上。参与式设计可以在共同设计过程中进行，但更多地关注相关用户和利益相关者的集体创造力（McNally et al., 2018）。

1　Druin, A. (2002)。儿童在新技术设计中的作用。行为与信息技术，21(1), 1-25。

在近年的研究中，与用户进行协同设计没有单一的方法，但有许多方法和活动可以在设计的所有阶段进行。所使用的方法取决于设计目的以及设计者将采用这些方法和技术的特定环境。

早在 20 世纪 90 年代初，Muller 等人（1993）为设计师和从业者提供了一份简要指南，其中包括参与式所涉及的所有实践的第一个分类法。它侧重于在设计过程的不同阶段以及不同程度的用户参与中使用参与式设计。民意调查的混合体验（Muller, 2003）中被定义为"一个参与者可以将不同的知识结合成新的见解和行动计划的环境"。这种环境为减少权力关系创造了最佳条件，让每个人都感到处于平等的地位，可以自由地表达自己。2008 年，Lee 和 Bichard 提出了一个参与式设计框架，重点关注不同利益相关者的参与程度，以及他们在设计过程中的作用。通过增加参与度，用户的角色从被动变为主动。在这种变化中，设计师和用户作为合作伙伴在一个"设计协作阶段"。随后，在 2012 年，Brandt 等人提出了一个实用的框架，该框架为参与式设计组织了多种工具、技术和方法。最近，Frauenberger 等人（2017）提出了一个概念框架，即"思考工具"，它指导设计师、研究人员和从业者以反思的方式将参与式设计纳入他们的工作中，更专注于知识构建。该工具提出了四个角度来批判性地反映参与式设计工作的性质：认识论、价值观、利益相关者和结果，这个工具旨在提供一种语言，使我们能够就什么时候起作用以及为什么起作用并避免根据其不符合的实证标准来评判参与式设计。

参与式设计可以为设计者、设计中的产品及其用户带来好处。与用户一起设计，作为他们自己工作环境中的专家，只有在这种情况下才能有效，并且如果允许这些专家积极为设计做出贡献（Dix et al., 2003）。用户参与共同讨论问题和解决方案，可确保产品在其使用环境中适用于其预期用途。参与式设计有几个关键优势。当所有用户共同努力实现共同目标时，它可能会促进建设性的反思和对话。参与式设计使设计师从另一个角度看待事物并尊重他人的意见——协同设计要求每个人都具有创造力：研究人员、设计师、客户、利益相关者和最终客户。此外，参与式设计可能会帮助设计人员收集有关他们可能没有意识到的设计情况的其他一些事实。例如，协同设计迫使设计师面对客户行为背后的动机。当人们参与产品的创建时，他们会在项目的成功中产生一种个人主人翁感。这与项目本身的可持续性密切相关。如果人们参与设计有助于培养项目所有权感，那么协同设计过程就会带来可持续性的潜力（Acero et al., 2019；Laura et al., 2020）。

在协同设计期间，让用户参与对设计师来说并不是一件容易的事。当用户参与产品的设计时，他们对产品有期望。如果产品不能按照用户的期望实现，设计师应该考虑避免更高的期望和随后的挫败感。此外，由于来自不同领域和学科的不同用户的参与，参与式设计的另一个挑战是参与者之间的沟通。团队成员必须学会有效沟通并尊重彼此的贡献和专业知识。这可能很耗时，会增加流程成本，并且不能保证最终产品的高质量。Read（2002）提出：创建一种对所有参与者都有意义的设计语言是多么困难。由于相关用户之间可能会出现不同的看法和情况，因此建议使用低保真材料，例如模型或纸质原型——不是因为它们反映"真实的东西"，而是因为它们支持互动和反思。因此，参与式设计需要较多的财力和人力资源，还需要时间来收集来自关于用户的数据。

与儿童共同设计是一个与成人用户共同设计并行发展的研究领域。自 20 世纪 90 年代以来，儿童作为数量和经济潜力不断增长的目标群体，是特定的技术群体之一——设计师开始关注的用户。当儿童在设计过程中成为活跃的"用户"时，设计师必须将注意力转移到儿童的需求和使用环境上。一个孩子的重要天赋是他或她的创造力。孩子们有不同寻常的观点，不管是什么话题，即使是最复杂的事情，也总是愿意分享他们的想法。与其他几代人相比，年轻人对技术的熟练程度更高，表达想法和执行结构化任务的能力也不同。因此，收集信息和生成解决方案的方法应该对他们的技能敏感。儿童是协同设计的天然伙伴，他们具有互动性、信息活跃、社会和国际意识（Moraveji et al., 2007）。

将儿童纳入设计过程具有有趣的优势，但也具有挑战性，并且存在一些缺点。与儿童共同设计需要建立一系列儿童需要履行的角色，并管理他们的贡献。孩子们可以想出成年人无法想象的想法，不利的一面是，他们可能会设计出无法实现的东西。如前所述，当涉及不同类型的用户时，沟通变得很重要。当共同设计合作伙伴是儿童时，它变得更具挑战性。使用儿童不理解的术语可能会将儿童与过程隔离开来，他们的创造力可能会因错误的沟通而受到抑制，例如不断提醒他们某些东西无法建造。使用多学科团队方法很重要，在这种方法中，为创造提供机会并管理参与者的期望。通过这种方式，参与者可以理解限制，但同时，他们也有创新的自由。关于协同设计中成人和儿童之间权力关系的相关问题，文献中一直存在争论。成人与儿童的关系，以及成人为儿童创造的环境，直接影响成人听哪些孩子、他们可以谈论什么以及他们的意见会产生什么影响（Gelderblom et al., 2014）。此外，当儿童积极且持续地参与设计过程时，他们就会对自己执行的任务产生所有权和责任感（Iversen and Smith, 2017）。因此，与明确的关键决策者和明确的角色建立有效的工作关系非常重要。例如，如果儿童的决定被（开发）团队否决，那么情况对儿童来说是令人沮丧的。

需要强调的另一点是让儿童参与设计的背景。虽然作为学习环境的学校系统是接触7—10岁儿童的最直接方式（Rode et al., 2003；Muller et al., 2012）。但基于学校的参与式设计会带来其自身的挑战，这会影响协同设计参与者的体验。学校在组织学习空间和设备时应考虑到后勤和实际限制。例如。由于严格的时间安排和空间安排，它们具有局限性。此外，学校环境往往与学习者无聊的死记硬背有关，他们习惯于更有趣的数字交互。额外的努力与共同设计活动之前、期间和之后的阶段有关：与家长、老师和照顾者进行安排，在时间和空间有限的学校举办设计课程，解释从儿童那里收集的数据。当参与式设计发生在学习环境中时，还需要探索另一个维度：学习益处，就协同设计如何促进学习、如何评估以及它对儿童的参与程度而言（McNally et al., 2017）。通常，协同设计研究探索儿童对协同设计活动的满意度（Van et al., 2015），而且，所调查的技能通常与协作和讨论有关。此类技能的评估仅由教师进行。不同的研究让儿童参与学习项目，并在学习成绩和个人动机方面为儿童制定学习目标。由于与儿童一起设计活动可以为学习提供有意义的环境，因此儿童获得了丰富的学习经验，在发展协作技能或批判性思维能力方面也是如此（DiSalvo，2017）。在学习环境中应用参与式设计时，Mazzone及同事（2012）建议在与儿童一起工作时让教育专家（例如教师）参与进来，以确保在规划阶段所选择的方法适合儿童以及它们所应用的环境。

此外，当儿童群体参与共同设计活动时，另一个相关问题是如何组织具有平衡技能的协作小组。应将具有不同学习风格和社交技能的儿童分组在一起，从而有可能实现富有成效的协作和合作，但这种协作可能很难实现。管理儿童群体内的动态，更通俗地说，管理儿童之间的社会关系是在学校进行参与式设计时要考虑的另一个重要因素（Iivari，2018）。一般来说，孩子越多样化，任务就越难。这种多样性被当今社会不可避免的全球化趋势放大。

儿童的参与及其一般定义很重要且存在争议。参与的全面定义将其视为一种综合的用户体验（Laura et al., 2020）——"在任何时间点以及可能随着时间的推移，用户之间存在的情感、认知和行为联系及资源"。在参与式设计中，儿童被期望以他们的想法为设计做出批判性的贡献，而成年人则被期望变成反思的实践者，以便通过"脚手架"对话，设计成为一种知识构建或价值观协商的行为（Frauenberger et al., 2017；Acero et al., 2019)。参与式设计的一个关键价值是民主合作，共同创造知识和相互学习。

第二节 不同性别儿童的交互体验

有时，基于性别的交互设计模式会影响孩子们接触互动媒体的方式。女孩和男孩在很多方面都是相同的，但他们对某些价值观的重视程度以及他们在玩耍时的兴趣方面也存在差异。学习理解这些差异有助于设计师避免无意识的性别偏见，让他们创造具有性别包容性的活动，并让他们在针对特定性别进行设计时更加了解。 在研究性别、科技和设计之间的关系时，设计师对待性别问题正确的方式应该是更具孩子不同的玩乐方式来进行区分，而不是通过男女性别特征进行区分。

一些专门为小女孩开发的玩具将产品涂成粉红色并降低一些难度，就美其名曰"为女孩设计"的做法是偷懒且不负责任的。女孩和男孩喜欢的游戏方式区别十分明显。女孩更喜欢发现探索和协同合作的游戏，而男孩更喜欢竞技类、动作类和升级类的游戏。除此之外，男孩更擅长运用自己的空间想象能力，而女孩则更擅长综合推理能力。

为了满足这些设计要求，设计人员首先要理解目标用户的需求、行为和想法。把设计重点放在游戏方式上，而不是用户的性别上。如果你要设计一款吸引女孩的产品，那就要为她们设计一些利用关联性解决的综合性问题。如果要设计一款吸引男孩的产品，那就要加入更多具有竞赛感和冲击性（如撞倒物体、吹飞物体等）的元素。但更多情况下，为儿童设计产品体验需要同时满足男生和女生的需求，需要评估整体设计目标，决定哪种方式能最好地满足两种用户。如果设计目标比较宽泛（如学习乘法运算），那只要同时包含动作性和探索性两方面的元素即可，但如果设计目标比较明确（如运用不同的零件创造复杂的结构并分享给他人），那就要好好根据设计目标琢磨用户的行为来做设计。

我们渴望一个完全性别平等的世界，所有人都可以自由地表达个人性别认同而没有摩擦或期望，但目前仍需努力。设计师和研究人员的目标是创造性地处理这些差异，将对性别的探索作为一种方式来尊重数字产品互动模式中性别的差异，并在为儿童设计产品时鼓励性别平等，并帮助所有儿童发挥潜力。

避免性别偏见的设计

讨论男性和女性的偏好和行为表达可能很棘手。趋势是将行为两极分化并创建两大类，一类是男性游戏模式，一类是女性游戏模式。但是关于性别表达和游戏，存在很多刻板印象。我们需要扩展作为设计师如何处理这个主题的思维。尽管许多女孩可能喜欢玩娃娃和毛绒动物等传统女性玩具，但并非所有女孩都喜欢；尽管许多男孩喜欢玩传统的男性玩具，例如卡车和带轮子的玩具，但并非所有男孩都喜欢。刻板印象可以方便地描述普遍的行为现象，但往往会简单地将孩子分为两个阵营，没有人愿意被刻板印象或被告知他们应该做什么或不应该做什么。孩子们想要自由地追随自己的兴趣并学习。

生物学中有大量关于激素平衡的变化如何改变行为（可以称为男性或女性方向）的研究。包括人类在内的雄性和雌性哺乳动物都混合了不同数量的雄性和雌性激素。我们都看到了添加类固醇对运动员的影响，并且我们有某种感觉，生物学会在任何特定时刻影响我们的选择。世界各地的军队倾向于招募处于睾酮水平早期高峰期的年轻男性，而他们天生更容易表现出攻击性和勇敢。每个人的激素组合可能会影响他们感兴趣的事物，无论他们的解剖结构如何。除了生物因素，还有文化因素。家庭和文化灌输对孩子如何看待自己的性别有着巨大的影响。如果一个孩子从出生的那一刻起就被告知（通过行动和言语）他们应该以某种方式行事（为了被爱和接受），那么同样有一种不可避免的无意识和有意识的压力来顺从和行动一种特殊的方式。世界上的一些文化非常固定男性和女性的确切角色，他们不赞成任何偏差。其他文化（如瑞典）正在积极尝试新的法律，以使他们的文化性别平等。

一些审美偏好，例如，女孩都喜欢粉红色的东西，男孩喜欢带轮子的玩具，它们不一定是固定的。在 20 世纪初，美国的一些制造商将粉色作为更适合男孩的颜色，而蓝色则更适合女孩。直到 20 世纪 50 年代，女孩对粉红色和男孩对蓝色的偏好才变得更加普遍。作为儿童设计师，我们需要考虑什么是有效的。例如，粉红色可能是一些女孩最喜欢的颜色，但粉红色的东西不会自动成为女孩的产品。有些女孩可能不喜欢选择粉红色，因为她们不喜欢被归类。乐高玩具的发展也是一个有趣的例子。乐高积木于 1949 年发布，较早的广告展示了女孩和男孩都在玩玩具，1963 年，公司负责人表示他们的积木应该卖给男孩和女孩。然而，在 1980 年代后期，随着 Zack 推出"乐高疯子"，女孩从传统积木的营销材料中消失了，乐高变成了一个更加细分和以男孩为中心的玩具。"仅限男孩"的重点不仅体现在营销上，还体现在产品设计上，因为乐高集团进入了更加刻板的以男性为中心的主题场景和游戏模式，强调冲突和战斗。这是一个有趣的例子，一家向所有孩子推销 30 多年的大公司如何落入性别品牌的陷阱。2012 年，乐高集团推出了"乐高朋友"，这是一套以女孩为中心的乐高粉彩组件，重新设计了比传

图 3-5 乐高玩具

统乐高小人仔尺寸更大、外观更精细的女孩角色。新人偶可以共享配件和头发或帽子样式，即使脚更大，它们也适合标准的乐高积木。经过 4 年的研究，乐高了解到，女孩实际上和男孩一样喜欢拼搭，讲故事是她们拼搭的基础。

　　任何有孩子的父母都会告诉你，每个孩子都是独一无二的。虽然男孩和女孩之间存在差异，但也确实没有人愿意被放在一个要求他们以特定方式行事的盒子里。性别标签的问题之一是，我们倾向于根据刻板印象对孩子的兴趣和活动做出假设，而不是将每个孩子视为个体并支持他们的个人兴趣。当产品使用只关注一种性别的游戏模式时，通常会无意中排除一些可能自然想要参与的人。另一方面，如果完全忽略性别差异并创造一些中性或中性的东西，那么它就有可能变得乏味且无法满足更广泛受众的需求。

产品应该吸引对玩具或内在模式有兴趣的男孩和女孩。如果设计卡车游戏，那么重要的部分就是卡车。添加额外的设计元素会造成严格的性别界限或暗示该游戏仅适用于男孩，例如，如果所有化身或角色都有男性姓名和身份，这会阻碍可能对游戏感兴趣的女孩选择。同样，如果设计一款使用娃娃或玩具屋概念的游戏，也需要确保男孩有机会参与选择，并且提供多种设计元素进行广泛的创意活动。比如，一个想要一栋粉红色的房子的孩子可以参与玩耍，但一个喜欢从玩具屋屋顶发射汽车的孩子也可以有选择。模拟人生游戏是一个很好的例子，它吸引了不同的玩家，因为它提供了很多玩家构建的选择。性别包容性设计是当今许多儿童开发者的目标，因为它覆盖了最大的受众，创造让所有孩子都能参与的机会。

女孩和男孩的交互体验模式

游戏设计师 GanoHaine 提出，如果你想第一时间观察性别差异，就去观察让男孩和女孩玩同样的游戏。他观察一群孩子玩植物大战僵尸游戏。女孩们靠在一起，想出了一个分工，每个女孩专注于一个功能——比如收集能量太阳——而另一个女孩则抵御僵尸，女孩喜欢使用合作策略。而男孩更经常来回传递设备。男孩的社会世界倾向于在群体关系中具有明确的等级结构。等级地位建立在直接竞争的基础上，每个游戏 / 活动都有规则，这就是男孩们确定身份的方式。男孩们通常乐于参加团队运动，例如比赛。竞争的挑战是男孩体验玩耍的一个重要因素。他们不会花太多时间讨论个人问题。他们的讨论通常是关于他们自己以外的事情，例如运动、如何通过游戏关卡或下一步该做什么。获胜是男孩如何表现出掌握并帮助建立社会秩序的方式。分数很重要，因为它们显示了清晰的排名。一般而言，男孩在团队中很容易玩耍。只要每个人都遵守规则，他们几乎可以和任何团体一起玩。而且，在大多数情况下，这与谁在玩无关。女孩的社会世界结构有些不同。对于女孩来说，社会秩序不一定取决于她们在比赛或考试中的得分。与朋友分享个人兴趣和合作具有更大的价值。竞争虽然仍然存在，但并不是玩耍的理由。女孩通过归属和排斥与同龄人建立社会地位。女孩对社交和个人交流的兴趣比男孩强烈得多，她们往往更喜欢灵活的规则。对于许多男孩（但不是全部）来说，获胜是目标。这就是他们玩游戏的原因——为了击败其他玩家。对于许多女孩（但不是全部）来说，友谊比胜利更重要。人际关系是一种压倒一切的价值，以至于在社交游戏中，女孩们可能会改变游戏规则或随时协商改变规则，以确保没有人输赢。如果有人被排除在外或不开心，与朋友一起玩游戏就没那么有趣了。只有有趣的规则才是好的，它们需要灵活以适应玩家的需求。如果有人真的落后了，那么女孩可以多给那个人一两个回合来帮助他们赶上。

具有性别意识的设计师用不同的方式为每个人创造游戏，例如具有多种实现目标的模式的冒险游戏。在设计中，可以通过与门口的恶魔战斗或用魔法棒砸墙来进入秘密城堡。也可以探索城堡的周边，收集魔法宝石并通过与遇到的各种角色的对话获取有关故事的信息，直到他们告诉用户如何进入。好的设计提供了多种游戏和获胜方式的机会，以及孩子们可以选择他们感兴趣的模式。女孩更倾向于被故事的情节和带有情感的角色所吸引，她们想知道背景故事、角色之间的关

图 3-6 在线游戏 Adventure Quest Worlds 的设计是在游戏中使用过场动画和电影短片，在玩家进行游戏时传达更多关于故事的信息

系以及人物的动机。在产品设计中创造故事和角色是主要内容，女孩们可能会定期协商规则和角色将要做什么等，让故事不断发展以匹配她们的创造力。

女孩热衷于定制和个性化。一些男性设计师以前认为这是设计的多余部分，例如广泛的头像定制选项和用于配饰和装饰的大量道具，对于许多女孩来说，这是一个非常有趣的体验。这些设计功能允许微妙的角色发展、个性化的世界构建和场景规划，还支持玩家定位自己与他人的关系。男孩倾向于表现力量和技巧的游戏。从披着斗篷在屋子里跑来跑去，想象自己拥有超能力，男孩们对权力和技能成就的象征感兴趣。玩耍并获得权力和游戏技巧的愿望似乎是许多男孩与生俱来的吸引力。对于男孩来说，如果游戏有一个高分屏幕，他们可以输入自己的名字，这会有所帮助，因为排名很重要。所有的孩子都对开始玩一个程序感到兴奋，但总的来说，女孩和男孩开始新游戏的方式不同。男孩倾向于直接加入，他们通常不需要或不想在开始之前花时间了解某事是如何运作的。许多男孩喜欢通过反复试验来学习。他们将了解游戏玩法，然后从外部资源中寻找操作方法，以此来提高自己的能力并积累成就。他们开始时无所畏惧，乐于学习如何随着时间的推移和反复失败而保持活力。尝试新技术以维持生命，他们将多次重新访问一个关卡以获得关卡掌握。

女孩喜欢计划活动，例如生日派对或可能与朋友一起表演的滑稽短剧。她们喜欢讨论、组织和计划她们将在特定的虚构或虚拟游戏中做什么。计划是游戏，计划就是谈论。培养游戏模式。照料和交流游戏表达了培养游戏模式，有时被称为"照顾和交朋友"。在"茶话会"活动中（通常是玩偶和毛绒玩具），会进行对话和其他照料。假设需要一些照顾的医生或护士场景也显示这种游戏模式。Sago Sago 的 Sago Mini Friends 等应用程序针对非常年轻的用户，允许以多种方式进行喂养游戏，从喂角色到让他们上床睡觉。对于稍大一点的孩子（8 岁及以上），这会转变为真正的沟通和关心，以及为朋友。这种模式是关于结交朋友和维护人际关系。

男孩喜欢在身体噪音中找到幽默感。他们也喜欢练习发出这些声音。男孩们喜欢愚蠢和令人发指的肢体幽默、噱头、恶作剧、特技和极其愚蠢的面部表情。

女孩们可能会觉得这些声音很幽默，一开始也会大笑，但她们可能会在男孩们面前停止反应，男孩们正在歇斯底里地重播这些笑话。

我们通过自身体验来看待事物，这会影响我们如何解释我们所看到的。作为儿童内容的设计师，我们需要记住审视自己的性别偏见，并注意我们可能对产品施加的任何潜意识限制。

考虑到所有关于他们如何看待内容和体验世界的差异的讨论，这里有一些男孩和女孩都觉得有吸引力的事情。所有的孩子都喜欢好故事，一个好的故事还提供了令人难忘的角色，孩子们可以将这些角色融入他们自己的幻想游戏中。

所有的儿童都喜欢创造和建造。个人表达和使用实物或数字工具制作东西对所有年龄段的孩子来说都是令人满意的。如果创作可以与朋友和家人分享，则尤其如此。创造是童年不可分割的一部分。无论是在故事、游戏还是他们自己的想象力游戏中，所有孩子都喜欢玩神奇的思维和"如果……怎么办？"的力量。所有的孩子都喜欢解开谜团，即便谜团通常有点可怕，因为他们正在探索未知的本质，不知道会发生什么或会学到什么。勇敢地调查和解决问题需要勇气、聪明才智和运气，尤其是在逆境中。在五六岁之后，孩子们享受着各种程度的模拟危险、

图 3-7 块状世界构建游戏 Minecraft 让儿童用户可以探索、收集资源、制作工具并进行一些温和的战斗。游戏有不同的模式——生存、创意、冒险、旁观者和多人游戏——因此可以灵活地玩游戏。对于儿童用户，Minecraft 通过设计团队合作以及在创造力和自我指导之上提高阅读和数学技能的动力

风险、害怕和惊喜。随着孩子年龄的增长，他们会逐渐享受这些肾上腺素带来的感觉。这种吸引力不仅仅是一种害怕的简单愿望，这是关于挑战童年界限。随着技术的进步，更深层次的共享体验的机会使他们自己觉得有成就感。无论女孩和男孩之间有什么不同和相似之处，设计师的目标是为所有孩子创造有趣、精彩和引人入胜的东西。

第三节　面向儿童用户的设计原则

尽管交互设计和儿童领域相对年轻，但研究人员多年来已经发展了一些基本的设计原则。当然，诺曼和施耐德曼等人机交互领域的创始人提出的许多基本原则也适用于儿童。以下是对儿童最重要且已通过经验数据验证的内容的描述。

为儿童做设计时，我们需要注意以下内容：

儿童和成年人都会对网站或 APP 的表现有所期待，并且奢望它们可以达到这些预期。他们都不喜欢得到意外的反馈或是偏离他们预期的体验。成年人在网上购买某个产品，完成支付后预期会看到一条确认购买的信息，而不是推销其他产品的广告。当孩子们在游戏里把宝石放进盒子，他们希望打开盒子随时能看到搜集的宝石，而不是一个接一个地打开所有盒子去寻找自己搜集到的宝石。高度的视觉复杂性会使任何用户不知所措，更不用说不能像成年人一样快速处理视觉信息的儿童。处理视觉复杂性的一种方法是使用多层策略，其中首先向儿童展示很少的动作和对象，当他们精通这些时，可以继续向用户界面添加其他动作和对象。

儿童往往能从挑战和冲突中获得快乐，对目的则并不在意。乐高公司对游戏冲突做过一次有趣的研究，研究明确表明游戏冲突有助于开发儿童多方面的能力，例如：预测他人对自己行为的可能反应；控制自己的情绪；清晰地交流；懂得他人的观点；创造性地化解分歧。Toca Boca 是一家瑞典公司，他们为学龄儿童和小学生设计了不少广受好评的 APP。iPad 游戏《托卡公寓》（Toca house）

就是一个典型案例（见图 3-8）。在游戏中，孩子们需要使用吸尘器来清洁地毯。设计团队创造的交互体验比我们想象的更具挑战性：地毯上的脏东西并不是用吸尘器轻轻一扫就干净了，而是在每次清扫中逐渐消失。这种反复的摩擦动作可能会让成年人失去耐心，但小朋友们却乐此不疲。设计师认为这些额外的挑战能极大地增强儿童的成就感，也能让儿童从中体会到乐趣和快感。"冲

图 3-8 Toca house

突"对成年人也至关重要，但这大多数体现在电影或游戏中的戏剧冲突能推动故事情节的发展。但对儿童而言，像清洁地毯这种小事就能让他们产生快乐。

在数字化空间里，孩子们无论进行什么操作都喜欢得到视觉上和听觉上的反馈。当你打开一个儿童网站或 APP 时，你会发现几乎所有的交互都能触发一些反应。与此不同的是，成年人只希望在完成某项任务后或者中途出现错误时得到系统的提示。Shneiderman 提到了直接操纵概念背后的三个想法：对象的可见性和感兴趣的动作，快速、可逆、渐进的行动以及通过对感兴趣的对象进行指向操作来替换键入的命令。[1] 现在大多数儿童软件都试图遵循直接操作背后的想法。在儿童和成人软件中经常不遵循的一个想法是使动作快速、可逆和渐进。快速操作在儿童的用户界面中非常重要，因为在使用软件时，儿童的耐心通常不如成人。孩子们需要快速的反馈，如果他们没有得到反馈，他们很可能会转向另一项活动。对于需要很长时间才能完成反馈的操作，应向儿童提供有关操作状态的反馈（例如通过进度条），并且应该仍然能够与应用程序交互并在他们希望时取消操作。例如，儿童创建了必须通过互联网检索结果的视觉查询。当这种情况发生时，孩子们会在结果出现的区域看到动画，然后在下载封面时开始看到与他们的

1　B. Shneiderman 和 C. Plaisant, 设计用户界面: 有效人机交互的策略。波士顿: Addison-Wesley，第六版，2014 年。

查询匹配的书籍。在查询执行期间，孩子们可以随时与软件进行交互，取消查询或在查询执行时导航到软件的不同部分。动作的可逆性对于孩子们来说也很重要，以鼓励孩子们探索技术，同时让孩子们保持控制。例如，如果采取行动会导致孩子们丢失他们正在画的画，这将导致很大的挫败感，并且可能会导致孩子们放弃使用该技术，除非他们能够扭转行动。使行动渐进式也可以帮助孩子避免制定复杂指令的需要。结合及时和信息丰富的反馈，这可以帮助孩子完成复杂的任务。

从最广泛的意义上说，孩子们一直在体验软件中的菜单（即一组选择）。当这些选择不是立即可见的，而是排列在下拉菜单或其他类型的交互结构中时，问题就来了。事实上，菜单结构的导航对儿童来说是个问题。即使在与使用手持电脑的 10—13 岁儿童一起工作时，Danesh 等人发现必须使用软按钮调出的菜单很容易忘记。然而，对于年幼的孩子来说问题尤其严重，这些孩子处于前运算阶段，通常年龄在 7 岁以下，他们对等级制度没有很好的理解。在 SearchKids 项目开发中，提供了对有关动物的媒体的访问，可以通过访问具有不同区域的动物园或通过编写具有感兴趣动物特征的视觉查询来访问这些媒体。动物园界面呈现出一层层级；点击动物园的一部分，孩子们就被带到了媒体面前。另一方面，查询界面需要多层次的导航，呈现动物王国的分类。虽然幼儿园班的孩子喜欢动物园界面，但他们无法理解查询界面，并且难以理解概念的分层组织方式。

在设计中，一定要确保设计样式的统一性。无论是儿童还是成年人，都会反感突兀多余的设计。只有避免让他们陷入抓狂的窘境，孩子们才会喜欢屏幕上的东西。碍事的、与目标毫不相干的元素或实时动画也会让孩子们和大人一样抓狂，从而使他们放弃这个产品。除此之外，如果屏幕上的所有元素都是移动的、高亮的、发出相同大小的声音，会让儿童和成年人都无所适从，增加他们使用该 APP 的难度。为成年人做设计要遵循一个普遍原则：保持交互和反馈的统一性，以便用户快速学会如何使用数字产品。这个原则在为儿童做设计时同样适用。

与用户界面交互的视觉方式对于识字前或刚开始阅读的儿童的软件成功至关重要。就像成人图标一样，儿童图标的设计应使它们以可识别的方式表示动作或对象，易于相互区分，可以被识别为可交互的并且与背景分开，并且没有更多的视觉比完成前 3 个要求所需的复杂性。图标的大小也应该让孩子们可以很容易地点击它们。

幼儿的符号表征，到 3 岁时，大多数孩子可以理解符号代表其他事物，事物既可以是对象也可以是符号，符号可以代表现实世界中的某事。为了使用符号，儿童需要将符号与其所代表的内容联系起来，匹配相应的元素，并使用来自符号的信息来推断它所代表的信息。[1] 在为儿童设计图标和其他视觉表示时，应考虑到这一点。学龄前儿童可以理解和使用简单的地图，例如矩形内的一个点来表示沙箱中对象的位置，但仍然难以理解地图的代表性性质。对于越来越多的使用手持设备绘制儿童位置地图的教育技术，了解这一点很重要。学龄前儿童能够将脚本与有关如何执行涉及一系列动作、位置和对象的任务的信息放在一起。脚本的复杂性可以在小学阶段增加，并且与叙事思维能力有关。这是开发儿童讲故事工具的原因之一。许多技术利用分类和层次结构来组织内容。研究结果表明，儿童早在 14 个月大时就开始对物体进行分类。虽然学龄前儿童有时可以使用等级分类，但使用等级进行推理和解决问题直到小学几年才开始出现，这与皮亚杰的具体运算阶段一致。

输入设备的操作（指向、拖动、使用鼠标按钮）

使用指点设备

早期对儿童和输入设备的研究大多集中在确定最适合儿童的指点输入设备上。直接指向技术（如触控笔和触摸屏）总是受到儿童的欢迎，因为它们提供了一种更具体的方式来选择屏幕上的选项，并且如果图标大小合适，可以帮助消除儿童在指向和操作间接指点设备时可能遇到的困难。

儿童应用程序中经常使用的 7 种常见手势是点击、拖放、滑动、捏合、展开和旋转。一项新的研究侧重于按年龄划分的儿童如何使用这七种手势进行触摸屏

---

[1]　J. DeLoache & C. M. Smith，"早期符号表征"，在心理表征的发展：理论和应用，（I. E. Sigel，编辑），新泽西州莫瓦：厄尔鲍姆，1999。

和交互表面，出于适当的应用程序开发目的，需要完成这些手势。触摸屏技术革命带来了新的可用性问题，例如与传统硬按钮相比，软按钮缺乏物理反馈，以及用户需要熟悉的交互方式的变化。这也适用于儿童的互动。儿童与成人不同，他们的运动技能还不够成熟，因为他们还在成长。

查看有关儿童和指点任务的文献可以发现，可追溯到 20 世纪 70 年代的长期研究记录表明，低龄儿童的指点表现明显低于年龄较大的儿童和成人。一项针对 4—5 岁儿童进行的研究展示了学龄前儿童在执行点击式任务时的差异。也许最清楚的证据是参与者完成任务所采用的路径图，其中学龄前儿童所采用的锯齿状路径与年轻人所采用的直接路径形成对比（见图 3-9）。在准确度方面也存在明显差异，4 岁儿童需要的目标直径是年轻人的 4 倍，才能达到 90% 的准确度水平。

(a) 所有成年参与者采取的路径。

(b) 所有 5 岁参与者所走的道路。

(c) 所有 4 岁参与者所选择的路径。

对同一研究的数据进行后续分析，观察指向任务中的子

(a)

(b)

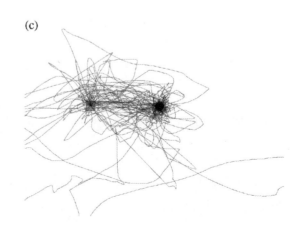

(c)

图 3-9 参与者点击距离为 256 像素的 32 像素目标所采取的路径

动作表明，成人和儿童之间的表现差异主要是由于儿童在目标附近的子动作在方向和长度方面的不准确。帮助幼儿指向的最简单方法是使目标足够大。一个挑战是程序员只能控制分配给目标的像素数量，而无法控制目标占用的实际运动空间（即一个人必须将鼠标从目标的一端物理移动到另一端的距离）。此外，分辨率更高的显示器也会导致像素大小失去重要性。也

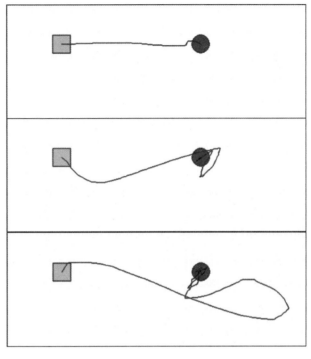

图 3-10 三名参与者的鼠标移动到距离原始位置 256 像素的 32 像素圆形目标的图。从上到下依次为 21 岁女性、5 岁 8 个月女孩和 4 岁 6 个月女孩

就是说，4 岁儿童在目标直径为 64 像素、运动空间为 3.6 毫米、屏幕为 23.7 毫米的情况下，准确率达到了 90%；5 岁儿童使用直径一半的目标（即 32 像素）达到了相同水平的准确度；年轻人对直径为 16 像素的目标的准确率达到 90%（Hourcade et al., 2010）。

另一种帮助儿童的方法是减慢鼠标光标的速度。这可以在指向目标时提供更高的精确度，但也会导致在到达目标时感到沮丧，尤其是考虑到越来越大的显示器和屏幕分辨率。如果父母或老师注意到孩子有困难，这是可以做的事情。另一种方法是仅在鼠标以低速移动时才减慢鼠标光标的速度。需要对这是否对儿童来说是一个好的选择进行更多的研究。上述解决方案（包括更大的目标）的一个问题是它们不一定让孩子为更困难的指点任务做好准备。为成年人建议的其他解决方案也有局限性。使光标的活动区域大于一个点的气泡或区域光标在目标聚集的

情况下没有帮助。同样的问题也发生在语义指向上，其中目标看起来比它们的活动区域小，扩展目标不太可能起作用，因为它们试图部分基于运动方向来预测用户打算指向的目标，而幼儿的运动往往缺乏方向精度。所有上述解决方案都需要了解目标的位置，因此必须在每个想要使用它们的软件标题中实施，这会降低它们被采用的可能性。我提出了一种为儿童设计的替代方法，该方法根据儿童子动作的特征检测儿童何时难以指向目标。它基于以下观察：目标附近的子运动往往比其他子运动更慢且更短。此信息可用于触发精确指向机制，例如，减慢鼠标光标的速度。

手势

在儿童数字产品的设计中，拖放交互受到了点击—移动—点击交互的挑战，其中用户单击要移动的对象，将鼠标移动到目的地，然后再次单击以放下对象。点击—移动—点击交互假定对象只是在那里被移动而不是像在代表文件的图标中那样被调用。即使在这种情况下，关于哪种类型的互动最适合儿童也存在争议，因为在过去 10 年中进行的研究中出现了相互矛盾的结果。乔纳等人（2008）进行了两项研究，将拖放与点击—移动—点击进行了比较。他们发现，5—6 岁的儿童使用点击—移动—点击技术完成任务的平均时间更少，并且犯的错误也更少。这些问题在长距离拖放任务中被放大了，而在短距离拖放任务中似乎并不存在。对于年龄较大的孩子来说，点击—移动—点击和拖放之间没有区别。Inkpen（2001）建议使用点击—移动—点击交互而不是拖放交互。在两个实验中，9 到 13 岁的儿童在使用点击—移动—点击交互时速度更快、犯错更少。实现点击—移动—点击交互的方式有一些特殊性，这可能部分解释了结果与其他研究的差异。正如第二个实验中详细描述的那样，点击—移动—点击交互可以更准确地描述为按下—移动—按下交互，因为未考虑释放鼠标按钮的位置。这与 Microsoft Windows 中单击工作的标准方式形成对比，例如，单击要求鼠标光标在按下和释放鼠标按钮时位于目标上。换句话说，在目标内部按下鼠标按钮并在外部释放它不会在 Windows 中的目标上生成单击事件。在这些研究中支持点击 - 移动 - 点击交互的另一个设计决策是点击 - 移动 - 点击条件下的掉落错误使目标"被拾起"。换句话说，如果孩子在点击时错过了目标受体，他们可以一次又一次地尝试，而不会受到惩罚。然而，在拖放条件下，如果儿童在目标受体之外的某处释放鼠标按钮，则目标将回到其原始位置，并且必须再次被拾起。在 Inkpen 和 Joiner 近 10 年后进行的一项研究中，Donker 和 Reitsma（2012）发现了相反的结果，与点击—移动—点击方法相比，5—7 岁的儿童执行拖放任务的速度更快、错误更少。这项研究使用字母作为移动的物品，其大小和纵横比不同，因此难以与其他研究进行结果比较。另一项实验发现，5—7 岁儿童和成人的拖放错误与按住鼠标按钮的难度无关，而与拖放操作开始和结束时的错误有关。最有趣的发现之一是移动距离不影响任务的成功完成，这与 Joiner 等人的研究相反。这项研究是在五六岁的儿童以及大学生中进行的。Donker 和 Reitsma 建议在可以拾取目标以及何时可以通过例如更改鼠标光标的外观将目标放在受体上时向儿童提供反馈。相互矛盾的结果有些令人费解，需要进行更多的研究来找出存在差异的原因。造成这种差异的一些可能原因可能是因为年幼的孩子，尤其是 5—6 岁的孩子，在这 10 年中比前 10 年拥有更多使用输入设备的经验，因此在拖放任务方面的问题更少。也可能是 Donker 和 Reitsma（2005）使用的鼠标具有设计更好的按钮，使儿童能够更轻松地按下按钮。不管是什么原因，目前还不清楚设计师应该选择什么样的交互技术。拖动的另一个常见用途是选择多个对象。对于这些情况，研究人员建议通过让孩子在要选择的项目周围画一个圆圈而不是画一个框来实现对象的选取框，这对 6—7 岁的孩子很有帮助。

部分指南是面向儿童的基于手指的触摸界面需要大按钮；在需要准确性的情况下，应考虑使用手写笔替代手指交互；软件解决方案可能有助于提高手指交互的准确性；硬件设计人员应在设备边缘留出足够的空间，以便在不触摸屏幕的情况下握持设备，如果无法做到这一点，软件设计人员应努力弥补这一点；应在所有触摸屏幕上提供视觉反馈；对儿童的可用性测试应该对准确评估的困难敏感他们的意见，并允许重复测试。

以下讨论按年龄划分的儿童对触摸屏应用程序的交互。

2 岁儿童：

• 能够在触摸屏上点击、滑动、轻弹；

• 捏合手势有问题，但有时可以用两根手指捏；

• 无法进行拖放、展开和旋转 / 旋转手势；

• 难以专注于给定的应用程序；

• 喜欢在触摸时点击或触摸他们想要的任何东西——屏幕；

• 不关心界面上的手势。

3 岁儿童：

• 能够在触摸屏上点击、滑动、轻弹；

• 一开始很难做拖放手势；

• 与触摸屏上的 3D 对象相比，可以轻松拖动 2D 对象；

• 拖拽距离较远的对象需要很长时间，但在 3 到 4 次尝试后成功；

• 捏合和展开手势有问题；

• 不关心界面上的手势；

• 从兄弟 / 姐妹或朋友那里学习。

4 岁儿童：

• 能够点击；

• 在会话开始时难以做拖放手势；

• 花了更长的时间来考虑拖放手势的形状；

• 发现与触摸屏上的 3D 对象相比，拖动 2D 对象更容易；

• 不关心界面上的手势；

• 从兄弟 / 姐妹或朋友那里学习。

5 岁儿童

• 能够使用所有的手势；

• 如果孩子一开始做拖放手势有困难，他们会设法想出一个出路，花更少的时间学习；

• 发现与触摸屏上的 3D 对象相比，拖动 2D 对象更容易；

- 在一个界面上使用大量手势没有问题。

6 岁儿童

- 能够使用所有的手势；

- 如果他们使用任何手势遇到问题，继续尝试就会成功；

- 在触摸屏上处理 2D 或 3D 对象没有问题；

- 在一个界面上使用大量手势没有问题。

7 岁至十二岁儿童

- 能够使用所有七个手势；

- 可以根据自己的喜好对手势进行排名；

- 每个应用程序花费的时间更少；

- 在触摸屏上处理 2D 或 3D 对象没有问题；

- 在一个界面上使用大量手势没有问题；

- 10 至 12 岁的儿童需要更多有趣和具有挑战性的应用程序。

除了 2 岁和 3 岁的儿童之外，所有年龄段的儿童都可以使用所有手势。因此，接下来的研究将重点关注特定年龄的 2—3 岁儿童如何使用相同的 7 个手势，并且每组有更多的儿童参与实验。4 岁的孩子也可能被包括在研究中，因为假设如果 4 岁的孩子可以使用所有 7 个手势，那么大一点的孩子也应该能够做同样的事情。

为儿童设计在整体流程上与为成年人设计极其相似，都有必要进行用户研究、分析观察结果、进行产品设计及产品调试。但每个流程的具体操作方式有区别，具体可归纳为吸收、分析，架构和测评。

作为交互设计师，在为成年用户做设计时，一旦脑中浮现出一个创意，可能会直接画草图构思网站或 APP，在此基础上做思维发散。因为设计师对成年用户的需求和期望已经有了一定程度的了解。但儿童用户的需求和期望，尤其是低龄儿童，设计师必须通过观察才能理解。有些设计师认为自己记得小时候是怎么想的，所以不进行观察研究；有的认为自己孩子和目标用户年纪相仿，可以直接把对自己孩子的理解用于设计。

这个时代的儿童数字产品用户与之前时代不同，他们的行为、需求和期望都在发生变化。在设计的前期一定要从他们身上吸收新的信息，观察儿童，观察他们如何玩耍、交流、如何操控物体、如何在环境中与人互动……因为年幼的儿童缺乏演绎推理能力和语言表达能力，想要了解他们的需求，只能进行观察。从观察中吸收大量的信息。吸收分析儿童需求的过程，不需要先进的实验室，也不用对研究对象进行复杂的筛选。在观察研究之前，设计人员和研究人员要明确自己需要的信息，以及如何应用这些信息。例如，为了设计一款编程启蒙教育的APP，我们需要了解低龄儿童是如何进行合作和学习的。为儿童用户准备适合年龄的道具，找到适当数量的儿童参与研究，并预留充足的时间让他们熟悉环境和彼此。然后再进一步观察孩子们是如何使用 APP 的。也许我们会发现小男孩喜欢将玩具排成几排或是互相比赛；小女孩则会赋予玩具各种性格并让它们相互对话。还应该关注孩子是如何与环境中的事物互动的。例如，有些低龄的孩子更喜欢与实际的物体互动，主要原因是低龄儿童还在琢磨如何融入周围的环境，因此他们需要与周围的物体建立联系并且还要将自己从这些物体中区分出来。这些信息帮助设计人员提高产品的用户体验，能够更多地设计出一些能够吸引儿童的交互体验，也会在观察中发现不同年龄段儿童的差异。3 岁儿童和 6 岁儿童的兴趣点是完全不同的。

完成了观察，从流程图开始，对信息做一些分组和归类。例如，以流程图记录下 3 岁小朋友的行为流程，再通过亲和图对行为、主题和设计需求等进行归类分组，考虑如何平衡这些因素；再进一步考虑如何找到最佳切入点并以此转化为设计方向和设计语言。

在系统创建功能和结构框架的阶段，如果目标用户为大于 7 岁的儿童时，可以考虑在设计前期让儿童参与设计，与儿童用户分享 APP 设计的主题，让他们自己设计一些原型。将儿童纳入设计过程，可以更好地了解目标用户的期望和他们的认知能力。比如，Toca Boca 团队在敲定设计要求之前，会用硬纸板和图片制作功能原型。在此阶段，做出有交互体验的原型十分重要，可以帮助理清每个系统流程。在具备实际功能的互动原型的基础上深化设计，比在静态的图片和屏幕上更具代入感，也更能催生新的想法。[1]

为儿童设计的产品最后也需要经过迭代测评，并根据需要调整设计或重新架构。在取得家长允许后，将功能原型展示在儿童用户面前，并观察他们如何使用。

第四节　为儿童设计游戏化的意义

人们容易忽略儿童在游戏中学习和交流的事实。设计师的职责是理解用户并根据用户完成某个任务最舒适的方式去设计。作为儿童设计师，你也有责任理解孩子们最喜欢的完成任务的方式，比如在娱乐中学习。设计师为儿童做设计时往往会强调玩的重要性，结合创造有教育意义的东西，帮助孩子们学习。事实上，最成功的那些儿童网站和游戏都是以学习为核心的。与传统的学习型游戏相比，这些产品体验的核心差异在于它们首先考虑游戏性，并以玩为中心。尽管教育性是这些产品的首要目标，但设计师将教育目的隐藏于游戏背后，让孩子们开通脑筋解决游戏中的小难题，并从中获取知识。

对于儿童设计师来说，引人入胜的游戏趣味性体验是良好设计必不可少的要素。识别和理解不同的游戏模式对于培养创造力和支持儿童用户持续参与和探索的互动体验至关重要。如果你希望儿童在你设计的界面中做出某种举动，那就要给他们一些有趣的奖励。游戏化本身就是建立在行为奖励机制上的。为儿童设计时，游戏化的概念至关重要。因为这是儿童用户在虚拟世界中所做的一件有趣事情的证明。

了解和支持儿童的自然游戏模式是为儿童创造获奖游戏和活动的核心，是使交互变得神奇的粘合剂。以下介绍游戏模式的识别和游戏邀请的创建。

虽然很多国家的教育系统都将学习和游戏区分为两类不同的活动，比如，学习是在教室里进行的，而游戏是在户外进行的。设计人员在为儿童做设计时往往

1　Gelman, D. L. (2014). Design for kids: digital products for playing and learning. Rosenfeld Media.

会强调玩的重要性，通过创造有教育意义的作品帮助孩子们学习，而不仅仅只是一个游戏而已。很多成功的儿童网站和应用软件都是以学习为核心的，比如,《愤怒的小鸟》（Angry bird）这款游戏就可以让 5 岁的儿童从中学习复杂的物理原理；秀娃世界（Webkinz）和企鹅俱乐部（Club Penguin）这两个网站潜移默化地教会了孩子们货币、慈善和财务管理的概念。与传统的学习型游戏相比，这些产品体验设计的核心差异在于它们首先考虑游戏性，并以玩为中心。尽管教育性是这些产品的首要目标，但设计师几乎将其完全隐藏于游戏背后，让孩子们开动脑筋解决游戏中的小难题，并从中获取知识。

图 3-11 Webkinz

图 3-12 Club Penguin

游戏的定义有多种，其中包含"一种娱乐活动，尤其是孩子自发性的活动"；而学习的定义是"通过研究、练习、被教育或体验来获取知识和技能的活动或过程"。

教育理论以不同的方式促进学习者的参与。学习的游戏化最近出现在教育文献中，作为一种使学习活动更加愉快和吸引人的手段，从而有利于通过任务进行学习和保留。

广义上的游戏化是定义构成游戏的元素的过程，使游戏变得有趣并激励玩家继续玩（Deterding et al., 2011）。游戏化是在非游戏环境中使用游戏元素来影响行为。这样的定义意味着游戏化产品不是成熟的游戏——它们仅使用游戏设计的某些元素（例如进度图）——在游戏环境之外，以吸引人们。通常，游戏化使用竞争本能来激励和鼓励"生产性"行为并阻止"非生产性"行为。然而，同样的机制可以用来鼓励协作和合作行为（Glover，2013）。

游戏化背后的基本原理是，游戏是"一种参与或互动的娱乐形式"，作为参与过程的学习可以受益于将游戏概念融入其中（Adams，2013）。

教育游戏化或学习游戏化，具体而言，将游戏设计或类似游戏的概念嵌入到学习过程中，以便根据学习者的自然学习环境积极参与学习（Kapp，2012；Glover，2013）。因此，学习游戏化的目标是"通过抓住学习者的兴趣并激发他们继续学习来最大化享受和参与"（Huang and Soman，2013）。游戏化有可能成为教育中的"颠覆性创新"，有望以积极的方式改变实践（Christensen and Raynor，2003；Glover，2013）。

根据玩家的背景和类型，游戏化活动可以通过让玩家参与来赋予他们权力。事实上，上下文可以确定特定游戏元素的使用是否会参与或退出。例如，Deterding 等人 (2011) 认为在工作环境中使用的排行榜很容易导致竞争动态。在工作中进行绩效比较的感觉可以增强被控制的感觉，"阻碍了经验的自主性，因此阻碍了内在动机"，从而产生脱离而不是参与。

学习的游戏化是基于在教育活动或过程中结合游戏机制。具体来说，应该考虑三个基本的游戏组成部分（Dickey，2005）：以目标为中心的活动，共同关注实现特定目标，是增加用于学习任务的时间的一种手段，因此它增加参与度和动力；奖励机制，使用排行榜，奖励强大的动力；以及进度跟踪，重要的是要确定要采取的步骤，以便在未来改进或进步。

然而，在学习过程中加入基本的游戏元素并不能取代良好的学习设计。在通过游戏化增加额外的复杂性之前，活动水平和教学法必须适合（格洛弗，2013）。例如，当这种活动中有明确的检查点时，以目标为中心的活动最有效。这些检查点可以被学习者用作寻路，以建立自己的进度并确定剩余的任务。此外，如前所述，重要的是，游戏化元素（例如排行榜）与学习的正式评估完全脱节——游戏化应该只用于增加动力，而不应该成为对学习者进行评分的另一种机制。

1. 游戏模式的类别

儿童通过各种创造性的游戏发明直观地为自己创造学习体验，这些发明往往分为几个简单的类别：身体动态游戏、掌握游戏、社交游戏、物体游戏、创意游戏和假装游戏。[1] 这些分类有助于识别交互设计中的游戏模式，有时不同类型的游戏会交织在一起，同时发生。识别和理解游戏模式对于儿童交互内容创作至关重要，因为作为设计师创建的每个应用程序都会是其中一种或多种游戏模式。

身体动态游戏

儿童喜欢运用他们的身体运动探索世界，无论走到哪里都会发明即兴游戏，他们会做一场在岩石间跳跃、单脚站立或无缘无故跑起来的游戏。这个类型的游戏也可以称为感官游戏，因为会刺激五种感官：视觉、听觉、触觉、味觉和嗅觉。例如，在绳子上荡秋千、爬树、互相追逐、在床上疯狂跳跃……婴儿和学步儿童的大部分活动都是纯粹的感官游戏，因为它可以刺激大脑发育、发展运动技能、自然地建立成长中的身体，并让他们了解物质世界。

---

1 The complete set of categories is a mix from my own years of game design, Mattel's list of play patterns (http://shop. mattel.com/category/index.jsp?categoryId=3719988), Stuart Brown's book (Play: How it shapes the brain, opens the imagination, and invigorates the soul), and the National Institute for Play's website (http://nifplay.org).

玛丽亚·蒙台梭利在她 1936 年出版的《童年的秘密》中指出："通过运动，我们接触到外部现实，正是通过这些接触，我们最终获得了抽象的概念。"通过运动，他们体验到空间（这里或那里）、时间（现在或以后）和速度（快或慢）的概念。游戏经验成为一种认识和学习的方式。儿童在游戏过程中探索、重复和解决问题；为了了解事物的运作方式（包括自身内部和外部）。对于年幼的孩子来说，掌握游戏是学习新的技能，包括他们的身体，他们仍在掌握站立、行走和让身体连线以做他们想做的事的基

图 3-13 Wii-Sports 游戏

本知识。在年龄较大的孩子中，掌握学习的精细程度越来越高，从掌握复杂的舞蹈动作到磨炼运动或游戏的精细点，其中需要渐进的"控制"技能才能前进。所有游戏都涉及技能发展，无论是身体、智力还是情感。例如，孩子第一次从游乐场滑梯上下来，他们在顶部犹豫不决；它看起来真的很高，他们将不得不放弃控制才能下降。他们不知道会是什么感觉或会发生什么。尽管他们已经看到很多其他孩子这样做，但仍有很多未知数。在某些时候，他们会不顾一切，尝试滑行、着陆、整合体验，然后再做一次。重复是掌握的重要组成部分，它可以建立信心并增加孩子的经验。随着时间的推移，孩子们对"滑梯"体验的掌握程度更高，并开始重复玩耍。

越来越多的设计师正在考虑这一点，因为他们试图在孩子们花在身体活动上的时间和花在玩数字设备上的时间之间找到平衡。像脚控舞蹈革命这样的游戏是一个开始，但任天堂通过 Wii 及其运动和健身游戏将其提升到了一个新的水平。

Kinect for Xbox 使用游戏硬件来识别用户身体的轮廓。 这允许通过将玩家放在屏幕上移动来影响游戏玩法。我们可以期待在未来看到更复杂的界面，允许身体动态作为关键界面控件。

社交游戏

社交游戏是关于教会我们自己如何与他人生活的课程。从与几个朋友的游戏，到有组织的聚会和运动，人类喜欢与他人一起做事。 如果我们不关心与他人联系、交流和玩耍，社交网络和游戏网站就会失去用户。这种与他人的社会联系始于婴儿期的游戏，这是父母与婴儿之间对发育至关重要的亲密互动。当婴儿与她的母亲进行眼神交流时，每个人都会经历一种自发的情绪：喜悦。 婴儿以灿烂的笑容回应，母亲以她自己的微笑和有节奏的发声回应。

孩子天生具有社交能力，尤其是与其他孩子在一起。年龄和体型大致相同的儿童会相互吸引。你最常在年幼的孩子身上看到这一点，他们对世界有共同的看法，并有共同的愿望与像自己一样的人交往。从未见过面的幼儿将通过自发的游戏联系起来并一起玩耍。这些即兴游戏很容易参与和享受，因为参与者通常处于相同的发展阶段和技能水平。

图 3-14 游戏：模拟人生 5

　　心理学家兼作家大卫·埃尔金德博士在他的著作《游戏的力量：自然而然地学习》中写道，孩子们生活在一个成年人创造的、为成年人创造的世界中。因此，当孩子们遇到其他孩子时，他们有共同点并觉得他们正在遇到像他们这样的人。他们不需要共同的文化或语言来联系。亲属关系游戏体现了这种联系。

　　《模拟城市》《模拟人生》《孢子》和许多其他精彩节目的创造者威尔·赖特讲述了一个关于他自己和朋友小时候与"军人"人物在泥土中玩耍的故事。他现在意识到，当他们争论游戏规则和什么是公平时，他们实际上是在学习法律和什么是正确的。

　　合作游戏和竞争游戏是有组织的社交游戏形式，通常在团队活动中同时发生。合作游戏的特点是团队合作和朝着共同目标的共同目标感。竞技比赛的特点是为两个或多个对立的双方设定目标，每方都试图首先达到目标。竞技游戏并不总是社交性的，因为孩子们也会创造自发的自我竞争，作为技能培养的一部分，看看他们可以做多少次或多长时间，比如保持呼啦圈或跳高。

物体游戏

　　触摸是原始的，在玩物理或数字物体时具有内在的乐趣，这是一种根深蒂固

图 3-15

的、与生俱来的游戏模式。操纵、试验、收集、分类、组织和用物体制作东西对我们这个物种来说是很自然的事情，孩子们用手边的任何东西发明这种游戏。选择的对象会影响并告知游戏的方向和状态。对于年龄较大的婴儿和幼儿来说，用木勺敲打锅碗瓢盆是他们了解周围物理世界的一种方式。随着孩子的成长，玩具变得更加个性化，因为玩具通常充满人性，成为富有想象力的讲故事游戏和幻想游戏的载体。不同的对象导致不同的探索、联系和表达。与着色书或动作人物和娃娃相比，玩玩具车将提供不同的探索机会。 Object Play 的一种形式是收集、分类对象。游戏自然产生于操纵对象集。 Object Play 可以采取创造性的表达或 Maker-Builder-Creator Play 的形式，其中新的东西是从可用的作品中创造出来的。它还可以包括 Sorting Play，它可以是关于寻找对象之间的关系只是为了它的乐趣。看看俄罗斯方块（将形状组合在一起）、宝石迷阵（连续查找三个）、纸牌（查找数字序列）或 Wurdle 和 Words with Friends（在一堆字母中查找单词）等游戏的受欢迎程度。它们都是基于寻找对象并将其组织成模式的挑战，通常带有时间限制的额外动力。

对象游戏、收集游戏和分类游戏的子集涉及对象的组装、分类、组织、分类

图 3-16

和展示。年幼的孩子似乎是收藏家，因为他们喜欢积累很多东西，但在七八岁左右，收藏变得更加认真，孩子们变得更有辨别力。他们变得非常专注于辨别事物的所有相同和不同的属性。

创意游戏

将一个类别称为"创意游戏"有些多余，因为所有游戏都以自己的方式进行创意，但在创意游戏中，在游戏的过程中会产生一些新的东西（探索和表达过程是重要的部分）。无论何时何地，只要孩子有机会，创意游戏就会自发而轻松地发生。示例包括在新建的沙堡上布置贝壳，在 GIMP、Tux Paint 或 Kid Pix 等应用程序中绘制数字图片，或在 Minecraft 中构建任何东西。创造力是好奇心和有趣探索的结果。Creative Play 通过以新的方式重新组合已知元素，为即兴创作、意外发现和创新打开了大门。它允许将不同的想法、知识领域、观点和技术混合在一起，形成新的、富有想象力的表达方式。因为孩子们喜欢这种游戏，设计师应该在他们设计的每个程序和游戏中加入创造性探索和游戏的机会。在学习中，与内容建立有趣和参与的联系比将其呈现为预先消化的事实或方程式更有效。一种方法是邀请和刺激，另一种只是没有个人所有权的记忆。

创造性游戏也包含变革性游戏，这种游戏涉及定制、个性化、重组和构建。对于儿童来说，有时这意味着只需签上他们的名字，但更常见的是，它包括装饰、增强和以其他方式修改某些东西（如游戏头像或玩具），以使其独一无二。

游戏会创造所有权，所有权反过来又促进了用户的持续参与。每个人都喜欢有创意的感觉，每个人都有自己的创意。设计师的部分职责是帮助孩子们为一个在创新和变革中蓬勃发展的世界做好准备。

角色扮演游戏

无论是玩洋娃娃或可动人偶，还是装扮成最喜欢的超级英雄、动物或动画电视人物，当孩子们利用他们的想象力探索社交互动或"试穿"原型和角色时，角色扮演就会自然而然地发生。角色扮演游戏是孩子们试图理解周围世界的一种重要而自然的表达方式。从为毛绒玩具倒茶到在卧室与假装的坏人作战，想象力游戏让孩子们从不同的情感角度探索事物。这种从不同角度看待问题的能力有助于

图 3-17 角色扮演游戏

孩子培养同理心和与他人的联系，以及培养自己的应对技巧。

　　孩子们对探索之旅和冒险进入虚构的幻想世界有着巨大的兴趣，他们自己扮演着主角。他们很容易在现实和幻想游戏之间来回跳跃，同时存在于两个世界中。角色扮演游戏总是伴随着某种形式的连续叙述和故事，通常在发生时以独白形式现场直播。这些故事帮助孩子们理解他们的生活，整理他们的感受和经历。

　　假装游戏本身通常具有治疗作用，但儿童治疗师使用一种特定形式的治疗游戏来让孩子们交流他们生活中发生的事情。不愿说话的孩子在通过木偶、洋娃娃和小雕像说话时，经常会以他们直接被问到时可能永远不会做的方式表达自己。

　　孩子们正在寻找表达自己的机会，而角色扮演游戏让他们有机会这样做。伪装成老虎、英雄或忍者可以探索能力和力量；假装是医生、护士、动物园管理员或母亲，可以探索养育。最重要的是，孩子们渴望有机会成为另一个人，并通过那个角色的眼睛讲述一个故事。给他们这样做的机会，并记住这些可能是私人探索，其中洞察力来自讲述故事，而不是来自最终结果。孩子们可能关心也可能不关心与他人分享这些故事，至少在他们达到"孩子"年龄范围的上端之前，当他们的讲故事被视为与个人游戏一样多的艺术时。

曾为美泰媒体（以及迪斯尼、艺电等）工作的游戏和玩具设计师辛西娅·沃尔讲述了关于测试一个可以与女孩"交谈"的芭比娃娃的新想法的故事。女孩表演故事是芭比玩具系列的主要游戏模式，但女孩们对芭比说的话毫无兴趣，她们只是想把芭比当作自己的"谈话棒"。她们用芭比娃娃来表达她们的感受并讲述她们的生活故事，女孩们通过玩偶的媒介表现出她们的希望和梦想。

2. 游戏属性

为了给孩子们创造引人入胜的互动性，设计师除了需要了解真正的游戏是什么样子，他们还需要很好地了解不同的游戏模式，然后才能构建出真正让孩子精神愉悦并激发想象力的东西。真正的游戏是将普通产品变成孩子们会喜欢并回归的获奖产品的魔力。游戏的关键特性也适用于互动学习和游戏设计，因为要为游戏设计，设计师首先需要了解游戏体验的外观和感觉。以下是游戏的关键属性，并描述了这些属性对于设计游戏和儿童学习体验的重要性。

父母往往不理解孩子对游戏或玩具的迷恋，他们只看到"浪费在玩游戏"的时间，而没有与孩子从游戏中得到什么联系起来。在所有游戏玩法中，发生的事情比大多数成年人的头脑中明显的要多得多。设计更多开放式结构的游戏有助于促进孩子的自然动力，以找到自己参与游戏的目的。这是游戏变成玩具的时候，让孩子跟随自己的想象力和好奇心。

玩耍是儿童学习新事物的方式。儿童需要时间和空间进行创造性探索。学习就是在事物之间建立联系，而这种过程需要时间。当孩子们全神贯注于游戏时，进入当下对他们说话的内容。沉浸在游戏中的孩子不会注意到时间的流逝。

非结构化游戏对儿童非常重要，以至于美国儿科学会指出："自由和非结构化游戏是健康的，而且事实上对于帮助儿童达到重要的社交、情感和认知发展里程碑以及帮助他们管理压力并变得有弹性。"用户玩是因为他们想玩，这个想法在交互设计方面至关重要，一个程序必须引起他们的兴趣，孩子们在没有强迫的情况下不会玩的"教育"游戏有什么价值？当设计师第一次将平板电脑交给孩子测试新应用程序时，将游戏作为一种自愿行为的想法可能会令人沮丧。几分钟后，孩子可能会按一下按钮然后离开。

心理学家 Mihaly Csikszentmihalyi 所说的"心流"是当孩子处于这种纯粹参与的状态时，这是好设计的标志，也是与孩子一起测试原型时需要寻找的元素。孩子们想要感觉他们有控制权，给他们机会去尝试、做"错误"的事情、打破规则，通常是在游戏中捣乱。当设计师可以允许重新组合元素、制造混乱或以倒退或以令人惊讶的方式解决问题时，儿童用户从新的角度看待事物会产生洞察力和创造力。游戏为意想不到的事情提供了机会。

当游戏满足儿童用户对好奇心、挑战和参与的所有需求时，当游戏结束时，我们可能会感到失望。事实上，如果规则中的某些内容危及我们的乐趣或标志着乐趣的结束，我们就会创造新的条件让我们继续。在产品中建立意想不到的惊喜和联系的潜力可以让孩子们"意外的成功"。实验的自由和响应结果的乐趣激发了好奇心、洞察力和对进一步探索游戏的渴望。

第五节　儿童数字产品体验设计案例研究

案例一：积极情感的界面设计有助于儿童早期多媒体学习

儿童对数字产品的情感体验可以潜在地支持他们情感的发展，提高亲子陪伴的质量。然而，要实现这种潜力，设计师必须考虑儿童用户的情感需求。通过对相关文献进行全面审查，我们开发了一个可以触发 3 种积极情感（即期望、愉悦、信任）的交互设计框架，然后我们以此框架为量表，对中国和澳大利亚 APP Store 上的 72 款儿童 APP 进行了设计分析。我们发现基于情感设计为基础所建构的交互设计量表具有可行性；而且注重情感化的交互设计方法会影响亲子用户从数字产品中获得的情感收益，从而获得用户的认可，获得较高的用户评分。由此证明，关注这些设计标准将影响幼儿从应用程序中获得的情感收益，从而增加用户对产品的兴趣和支持。最后，我们讨论了情感化交互设计的含义，目的是完善以情感体验为基础的研发设计体系的构建，并鼓励未来基于情感设计的应用程序设计师弥合研究与实践之间的差距。

引言

在联合国儿童基金会（UNICEF）2017 年年度报告《世界儿童状况》（*The State of the World's Children*）中指出："'数字化'已经改变了世界和现代生活的各个领域，以及数亿儿童的童年。随着儿童的成长，数字化塑造他们生活体验的能力也随着他们的成长而增长。"儿童数字产品在中国乃至全球的迅速普及是一股不可阻挡的力量。2017 年的数据显示，中国的儿童应用程序每年增长近 15%（艾瑞咨询，2019）。随着互联网的发展，新一代的父母拥有更加丰富和多样的育儿知识和教育观念，智能手机、平板电脑和智能电视已成为其主要的育儿渠道和载体，对其内容需求也更加严格和挑剔。互联网发展也推动了高质量亲子陪伴概念及方式的普及。在一份以 1400 名中国年轻父母为样本的报告中指出，93.5% 的父母认为亲子关系非常重要，愿意花时间和精力陪伴孩子。优质的育儿方法将引导孩子提高主动思维和语言能力，从而有助于孩子的发展。因此，用户对儿童产品的设计提出了新的要求。除了专业和高质量的功能性诉求外，父母还希望在陪伴孩子使用 APP 时能够传递有关儿童期望和情感需求的幸福感、亲和力和满意度的信息（艾瑞咨询，2019）。2020 年，新冠疫情的爆发使移动设备的使用习惯向前推进了 2—3 年（APP Annie Inc，2021），应用下载量增长达到前所未有的水平，移动设备进一步成为家庭亲子陪伴最重要的工具。儿童 APP 产品主要面向儿童的早期能力发展，功能是通过娱乐进行教育，并帮助儿童成长。这些教育资源对于低龄（4—8 岁）儿童尤其有价值，这个年龄段的儿童内隐性的学习特征，可以从与充满趣味性的智能系统的使用体验中受益，以促进正式和非正式学习环境中他们的社交、情感和认知发展。（Papadakis，Kalogiannakis and Zaranis，2018）同时，研究表明如果这些活动对父母来说也很有趣，他们也常常会参与使用数字媒体，而不仅仅只是为孩子朗读内容（Takeuchi，2011）。美国儿科学会（AAP）还建议父母选择与孩子一起使用的高质量应用程序（Guernsey, 2016）。然而，为了实现为家庭用户提供良好情感体验的承诺，设计师必须考虑儿童的情感影响和需求，包括审美和使用兴趣。 因此，无论是功能还是体验，情感设计都是开发儿童应用的一个非常关键的视角。

过去在儿童发展、教育和人机交互领域的研究已经确定了一些通用策略，可以促进幼儿在使用交互式数字技术（如平板电脑和计算机）时的参与和学习（Clements, 2002; Willoughby and Wood, 2008; Anthony et al., 2012; Aziz et al., 2013; Falloon, 2013; Hirsh-Pasek et al., 2015）。在移动教育应用的设计研究中，除了与教学方法相关的问题外，还应考虑其他因素，例如目标受众（即儿童与父母）。交互设计的重点在于交互和体验，而交互和体验的前提是立足于目标用户，通过分析用户在使用产品过程中产生的交互行为，了解用户的行为和心理特点（Gelman，2014）。虽然许多研究呼吁关注儿童应用程序的儿童和家庭用户的情感体验（Antle, 2008; Coryn et al., 2009; Falloon, 2013; Hourcade, 2018; Soni et al., 2019; Xu and Warschauer, 2020），很少有研究将这些不同的要素整合到一个框架中并使用这样的情感设计框架来评估市场上的应用程序，从而确保在行为交互信息交流过程中能够全面提升用户体验，并让产品与用户进行交互。为了填补这一研究空白，本研究探讨了以下问题：儿童应用程序中哪些常见的交互设计功能有助于用户获得更好的情感体验？ 提升的用户情感体验与用户评分有什么关系？

为了回答这些问题，本研究对儿童 APP 交互设计的实证研究进行了全面的文献综述，并开发了一个针对 4—8 岁儿童情感体验的交互设计框架。然后，基于此框架，对中国大陆和澳大利亚苹果应用商店中的 72 款儿童应用进行了分析，以验证情感体验与用户评分的关系。总的来说，本研究发现以情感设计为基础所构建的交互设计量表具有可行性；而且情感设计因素会影响用户体验，进而影响用户评分。因此，本研究对交互设计的研究和实践做出了以下主要贡献：首先，为儿童交互体验开发了基于情感设计的量表，可能对父母、教育者的应用选择和评估有用。其次，对 iOS 应用程序进行了实证分析，以更好地了解设计实践如何映射到这些基于证据的设计标准。这有助于设计师深入挖掘用户需求，设计具有吸引力的内容，并适应快速增长的儿童数字产品市场。

文献探讨

为儿童设计的交互设计准则

设计准则经常描述的是目标而不是操作，具有广泛的使用性，也意味着对它们准确的意义和在具体设计情境上的适用性经常会做出不同的诠释。研究表明，交互设计会极大地影响儿童与数字产品应用程序的互动体验（Markopoulos et al., 2008; Hourcade, 2008; Falloon, 2013; Soni et al., 2019; Hirsh-Pasek et al., 2015）。与为成年人设计相似，为儿童设计产品首先要全面深刻地理解目标用户，了解他们的需求。但是儿童用户成长非常迅速，不同阶段的身心发展会影响他们与数字设备交互的能力（Haugland,1999）。因此，最适合儿童的设计在创建分类方案、层次结构、元数据和界面时会考虑他们的发展阶段。针对儿童的应用程序必须根据其独特的发展需求而设计，这一点很重要（Chiasson et al., 2005; Azah et al., 2014）。有大量关于儿童发展的理论信息，例如在皮亚杰关于儿童早期经验和兴趣的研究中，提供了不同年龄段儿童的认知发展信息（Piaget, 1976）。Bronfenbrenner（1979）更新了人们对儿童兴趣发展和教育与公共政策之间联系的认识，提出儿童早期发展中语境、文化和环境的重要性。目前研究人员已经根据儿童的发展需求和身体能力在使用数字产品时建立了许多循证设计指南（Hourcade, 2008; Anthony et al., 2012; Aziz et al., 2013; Falloon, 2013; Azah et al., 2014）。例如，Bekker 和 Antle（2011）创建了发展定位的设计（DSD）卡，可以帮助设计人员获取有关儿童发展能力的适合年龄的信息，以支持设计师在设计过程的各个阶段考虑儿童的能力和技能。Nielsen 和 Molich（1990）提供了一套用于用户界面启发式评估的设计准则。苹果公司也为平台上的软件设计发布了相应的设计准则（Apple Computer Inc, 2009）。Nielsen 和 Budiu（2013）致力于可用性研究，针对每个年龄段孩子的独有特征提出针对这些特征应该遵循的设计惯例，以响应每个年龄段儿童的独特特征，包括为儿童设计导航、适合初学者的易读性和文本设计、减少对等待时间的感知等。这些示例表明，基于证据的设计准则可以为创建面向儿童的应用程序的可用性提供价值，而且大多数都关注儿童的认知需求。

但事实上儿童用户的关注点不仅仅是可用性，在 Read（2011）的一项研究中发现，儿童在计算机上的行为与成人不同，他们认为乐趣和可玩性在技术选择中比易用性更重要。例如，技术接受模型（Hassenzahl, Platz et al., 2000）已被证明在应用于儿童产品时可能需要不同的解释。成年用户在交互体验中往往具有非常明确的目的性，但儿童用户仅仅将其当作一段体验式的旅程（Gelman, 2014）。因此，在面向儿童的数字产品设计研究中，不单单只是讨论可用性测试，这类型的评估要被扩展成一种更完整的用户体验测试，需要从任务视图看到整体的使用体验，解决情感影响问题。在 Soni 等人（2019）提出的 TIDRC 框架和 Papadakis 等人（2017）在其 REVEAC（学龄前儿童评估教育应用程序规则）建议中，都提出儿童应用应满足儿童的认知、身体和社会情感需求；并提出社交情感类别的重点是结合社交互动和游戏化的上下文功能，以促进应用程序使用的乐趣。然而，目前缺乏针对儿童或家庭用户的情感需求进行设计的研究。因此，本研究的首要目标是在更广泛的研究结果的基础上，为儿童和父母的情感体验在交互设计领域创建一个概念框架。

用户体验中的儿童用户情感需求

提高儿童数字产品的质量，不仅与其教育内容有关，还与用于满足目标群体需求的设计、方法和分析有关（Judge et al., 2015）。产品的实用层面的意义是功能与性能，而与之同样重要的层面，则是与象征、认同及情感有关（Berridge,2003）。用户体验强调设计的核心是注重用户的实际体验和以人为本的理念，着力于用户的需求和心理情感方面的研究，使目标用户在使用产品的前中后期获得舒适愉悦的体验感。情感化设计的目标是在用户研究的基础上，使用户在与产品互动的过程中产生积极正面的情绪。如果产品具有唤起消费者潜在的感官愉悦记忆，就能够触发使用者的情感从而更加愿意使用该产品（Khalid and Helander, 2004）。儿童与数字技术的互动不仅仅有认知的需求，还有情感的需求。用户会根据界面外观、互动体验及后期服务自然而然赋予数字产品个性。因此，关于儿童的情感和社会需求和能力的知识和关于儿童的认知和身体技能和能力对于确保发展性的设计一样重要。情感化设计研究需要挖掘用户的情感需求，塑造相适应的产品性格。

情感设计的研究已经有了很长的历史，许多学者提出情感设计有关的衡量模式，这些模式皆保留产品该有的功能衡量面向，并围绕创意、美感与愉悦等面向进行探讨。情感化设计的指导思想就是要让用户在使用产品的过程中产生强烈的情感共鸣，从而培养用户的忠诚度。Norman（2004)提出情感化设计不仅可以让产品有用、易用，而且赋予产品以性格，营造一种安全、信任、积极的互动体验，努力在消费者与品牌之间建立长久的、深厚的情感联系，传递一种共同的价值和意义（Green and Jordan, 2002; Berridge, 2003; Norman, 2004; Van and Adams, 2012; Walter, 2011）。一个有效的情感化设计策略通常包括优秀的设计风格，令用户产生了积极响应。在界面上融入情感化元素，引导用户的情绪，使其更有效地引发用户的行为。这种情感化的引导比单纯地使用视觉引导会更有效。例如，Hiniker 等人（2018）表明，适应儿童社交情绪能力的界面设计（例如计划和做出有选择的选择）可以促进自主权和"脚手架"媒体的自我调节。其他研究也研究了儿童在与非互动媒体和角色互动时的社会情感需求（Alhussayen et al., 2015; Gray et al., 2017）。但都没有系统地提出如何具体运用情感化设计，特别是用户体验设计行业还没有系统性的情感化设计运用方法。

人性化是人机交互领域中很重要的研究，充分考虑到用户的心理感受，设计亲切友好的文本词组，才能够得到用户的好感和共鸣。交互设计的目标正是将人机对话更加的自然和情感化。因此，在新时代，我们要多关注考虑跨媒介和智能科技的传播方式，挖掘用户的隐性需求，从用户情感需求的角度出发去考虑设计方法。我们强调不仅仅是为儿童独特的认知能力、运动能力、技术能力去做设计，还有为他们的情感能力去做设计。我们通过为儿童用户的情感体验建立交互式设计标准来扩展这项工作。 与过去的研究相比，我们使用我们的框架对更大的应用程序样本进行了实证评估。

研究方法

框架开发

为了开发我们的框架，我们首先综合了几种类型的文献，包括儿童发展心理学、儿童与计算机交互和用户体验设计学，以确定可能影响儿童情感体验的交互设计。为了找出相关文献，我们使用 Google Scholar 和 Web of Science 进行了以下关键词搜索："儿童与计算机交互""儿童界面设计""交互设计准则"，并通过使用 Piaget 的四个阶段的儿童发展理论，对每个建议进行了实证验证的儿童年龄范围划定。最终纳入经过同行评审的基于证据的研究，包括对（9 岁以下）儿童的经验用户并提出了设计建议的研究。然后，我们在搜索到的文章中交叉引用引文，以找出符合我们标准的其他相关文章。由于设计原则存在实质性差异，因此本设计框架不包括专门针对特殊儿童的论文。我们分两个阶段进行了这项研究：从 2021 年 2 月到 2021 年 4 月，我们根据 40 篇论文和著作创建了设计框架的初始版本，以解释经验证据并提取情感体验和交互设计建议，确定了与情感体验有关的 6 项设计建议。接下来，我们对 2021 年 6 月至 2021 年 7 月的澳大利亚和中国 APP Store 里的儿童应用进行了实证分析。

《心理学大辞典》中把情感定义为："人对客观现实的一种特殊反映形式，是人对于客观事物是否符合人的需要而产生的态度体验"。人类情感分类为很多种，我们使用心理学家 Robert Plutchik 在 *The Nature of Emotion* 中提出的包括 8 种基本情绪及其反馈情绪的情感轮盘（Plutchlt）理论。Plutchik 提出了一种针对一般情绪反应的心理进化分类方法。他认为有 8 种主要情绪——愤怒、恐惧、悲伤、厌恶、惊讶、期待、信任和喜悦（Plutchik，1982）。作为用户情感体验研究的起点，它能够让我们更好地了解情绪，并帮助我们将情绪应用在设计实践当中。这些基本情绪是理论化的情绪模型，其特征可根据事实观察得出。情感化设计的目标是在人格层面与用户建立关联，使用户在与产品互动的过程中产生积极正面的情绪。因此，从情感轮盘中（如图 3-17 所示），我们将 3 种正向情感维度归纳为在设计中最值得培养的情感：期望（anticipation）、快乐（joy），信任（trust）。我们将这 3 种积极的情绪定为用户情感体验的关键性要素，在数字产品中融入正面情感元素能提高转化率，减少跳出率，从而增长用户的关注时间和深度。诚然，用户最终会产生的反应还将取决于他们各自的生活背景、知识技能等方面的因素，但是我们所抽象出的这些组成要素是具有普遍适用性的。

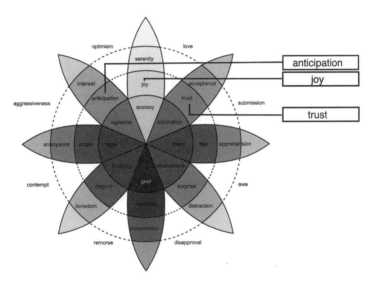

图 3-18 Plutchik 情绪轮中的积极情绪

在确定了 3 个关键情感要素后，我们通过演绎的方法对文献进行分析，进一步确定能够触发这 3 种情绪的 6 种交互设计准则，下面将对其进行详细介绍。虽然我们不能直接设计用户情感，但是可以通过影响用户的行为，来最终达到设计用户情感的目的。在设计中，我们可以观察用户在使用中的情绪状态，利用量化数据对用户抽象体验进行分析，从而能够进行目的性的设计，引起人们的情感触发。

结合 Norman（1983）、Shneiderman（1987）、Nielsen 和 Molich（1990），Stone 等 (2005)、Johnoson(2007) 发布的研究，来帮助我们定义用户界面设计准则。然后，我们通过结合儿童用户的特殊性（Druin，2005）的意见来整合与情感体验有关的交互设计准则。例如，Stone 等人（2005）提出"尽可能简单并能专注具体任务"，我们将此转化为交互设计准则："focus"。Nielsen 和 Molich（1990）提出"帮助用户识别、诊断错误，并从错误中恢复。"我们将此转化为交互设计准则："Scaffolding"。我们使用了迭代的建立共识的过程，将这些建议分为对应 3 种情感的 6 个交互设计维度（见表 3-1）。例如，遵循对互动性和游戏化的设计准则会增强用户的愉悦感。有效和清晰的目标以及反馈可以满足用户的预期。而当用户与数字产品进行互动时，用户需要感觉安全和可信，可以通过对操作体验的《脚手架》和专注力设计来构建这种安全感。

情绪	交互设计法则
愉悦	互动性
	游戏化
信任	脚手架功能
	关注
满足期待	目标清晰
	反馈

表 3-1 情感交互设计框架

愉悦（Joy）

互动性（Interactivity）

儿童的心理具有模仿、好奇的特征，儿童对事物产生新的认知情感主要是源于外界刺激，依据兴趣点展开活动。儿童数字产品的交互设计要以儿童的兴趣需求贯穿始终，以促进用户的参与，以增强趣味性为设计目标（Domagk，2010）。通过图像、符号、声音、动作等多种信息的输入和输出，以更丰富的形式充分调动儿童用户的感知，使用户更为积极地参与到当前的行为活动当中，并形成身体、认知和环境动态统一的认知结构（Hirsh-Pasek et al., 2015；Chwyl，2018）。例如，从情感和体验的角度进行设计，将碎片化的知识和碎片化的动画场景拼接到故事中，让孩子通过互动产生娱乐感和好奇心。由于电子屏幕技术的限制，在儿童数字阅读产品中，无法营造出和真实场景一模一样的触感，但可以通过震动、声音、动画等反馈行为唤起儿童的感知记忆，使儿童获得对信息内容的感性认知，从而达到模拟真实场景的触觉体验。例如，Maliziaa 和 Bellucci（2012）总结了自然行为设计方法（natural interaction mode），开发者利用移动设备上的听筒、麦克风、光线传感器、水平陀螺仪等元件，融合更多如语音交互、动作交互、行为控制等自然交互方式，使交互手段更加多样化。如果在儿童数字产品的设计中提供了自然行为的交互设计，创建回忆情感的元素或者熟悉的生活场景（Malizia and Bellucci, 2012），与生活相联系的感受会迅速在脑海中唤醒，满足儿童的回忆情感需求，可以激发并形成持久情感，获得更好的情感发展。

游戏化（Gamification）

游戏化一词是在 2011 年 GDC 大会正式提出的，游戏化是在学习环境中使用游戏设计元素和游戏机制。它涉及将游戏元素应用到非游戏场景中，使用户获得情感体验，从而吸引用户，增强参与感，增强忠诚度。从长远来看，游戏化被视为激发孩子发展内在兴趣的有效手段（Deterding et al., 2011）。研究人员认为，游戏化可以提高学习的趣味性（Deterding et al., 2011），或使学习成为一种"有趣而愉快的体验"（Gaver et al., 2004）。通过情感激励的方式，让原本枯燥乏味的单向灌输，被游戏化赋予了更具乐趣与挑战的双向互动模式。交互设计中常用的游戏化元素包括积分、奖励、练级、竞争和定制化（Fizek，2014；Kiryakova et al., 2014）。研究证据显示，游戏化元素中的积分和奖励促进了儿童的参与和学习，获得肯定和奖励对儿童更有益。得分或徽章使得儿童内心的认同感获得极大满足，内心的满足感和认同感有助于促进儿童良好情绪的发展。或者，通过精心构建游戏化升级反馈及学习进阶材料，如基于用户数据，通过系列不同级别或自适应游戏来呈现更多高阶内容，儿童在使用过程中能够集中注意力，长时间参与其中。

信任

脚手架（Scaffolding）

Wood、Bruner 和 Ross（2016）认为，《脚手架》是一种教学组织结构，可以帮助孩子完成他们自己无法独立完成的任务，并且会随着时间的推移而被移除，从而允许孩子们独立完成相同的任务。《脚手架》是指为降低执行某项任务的自由度而采取的步骤，使孩子能够克服在使用它时遇到的困难技能。父母在与孩子分享数字产品时使用的括号包括提问、标记对象、提供提示和解释，以及帮助建立与现实生活体验的联系（Hirsh-Pasek et al., 2015；Chwyl et al., 2018）。《脚手架》可以将孩子的体验从相对随意的戳和滑动转变为对适合年龄的内容的引导式探索。例如，SoundTouch 或 The Human Body 等视觉参考应用程序通过音频和动画提供有吸引力的内容。单独探索这些应用的非常年幼的孩子可能有相对浅显的感官体验，而在以教育为导向的成年人的指导下，他们可以对动物类别或过程进行真正的探究（Hirsh-Pasek et al., 2015）。为儿童的发展目标搭建脚手架进行 APP 设计可以采用多种形式。从提供支持性背景知识的线索系统、课程水平测量策略在活动期间提供具有挑战性的选项，到模拟相关行为、理解和儿童机会的复杂适应性学习系统。例如，为用户设立亲子伴读模式，提供阅读场景，一家人分担不同的人物角色，共同来讲述一个故事。此外还应注重远程亲子交互模块的设置，记录儿童每天的阅读信息，儿童与家长通过阅读平台跨越空间上的距离，实现远程的亲子伴读。

关注（Focus）

儿童的生活阅历有限、无法清楚地分辨是非、注意力持续时间比较短也是其特征。为年幼的儿童而设计需要注意到他们注意力的短暂和同时使用多个概念工作的能力有限。Domagk 及其同事（2010）发现，与作者主题无关的信息会干扰儿童对目标信息的记忆。优秀的交互设计使用户按照产品的提示与产品对话，从而让用户感知如何操作产品，并且减少打断用户心流状态的干扰（Cooper，2003）。建议保持儿童产品简单，以便用户可以专注于特定任务。简约的交互路径使用户想法与交互行为一致。在完成互联网产品基本功能和信息结构下，减少用户的交互路径必然提高用户效率，让用户更快地完成目标，避免心流体验被过长的操作流程打断。研究表明，孩子在全身心投入任务时学习效果最好。但是全身心投入任务还是不够的，孩子还需要持续保持任务状态并参与其中。如果孩子在 APP 上读故事，突然弹出其他无关消息，那么他或她的学习效果就会大大降低。Parish-Morris、Mahajan、Hirsh-Pasek、Golinkoff 和 Collins(2016) 发现电子书中嵌入的天花乱坠的东西经常让 3 岁的孩子在理解和记忆故事的时候分心。合理使用剪辑、音频、视频线索等其他各种形式的特征可以直接吸引孩子对重点的关注或者让在他们走神的时候重新关注内容。

满足期待（Anticipation）

目标清晰（Goal clarity）

在 Norman 提出情感设计中持续最长的是最深层次的反思层级产生的情感，反思层次设计强调自我形象、个人满足感和回忆（Norman，2004）。为了儿童获得个人满足感，朝向目标的第一步应该是清晰和明确的（Rogers and Muller，2006）。通过在使用数字产品中点击或滑动屏幕以激活新页面、音效或者动画，以此来告诉孩子下一个任务是什么。为儿童用户提供清晰的目标会更有效地支持他们的情绪发展。研究表明，以特定目标为指导的学习可以通过将孩子的注意力集中在当前任务上来减轻他们的认知负担，具有明确学习目标的应用程序可以减少学习者在使用过程中产生的挫败感（Baruque and Melo，2004）。明确的目标不断增强用户技能，让用户在情感上获得满足感。良好的图形设计使界面更加直观，设计意图更加明显，与用户的情感密不可分，配合不同的色调也会影响 APP 的整体氛围。设计者应当注意的是图形、图像风格的一致性以及按钮、搜索框等部件的区分。

反馈（Feedback）

反馈不仅仅局限于一般的等待、加载界面，其可以是任何交互行为呈现给用户的结果。反馈是对已经发生了或者正在发生的情况提供清晰的说明或解释，不一定用于评估对错，这是人机交互领域用户界面设计的核心要素。Cooper(2003)

提出用户对一些交互行为是有预期值的，例如点击提交按钮后，用户期待得到提交成功的提示反馈，倘若得到的提示不符合用户的认知，就会造成用户的疑惑。例如，在儿童产品的交互设计中反馈指的是应用程序在孩子做出反应后应用程序将如何跟进。当孩子触摸或者滑动屏幕之后可以得到即时反馈，孩子会感觉到自己可以控制学习过程，而通过可控获得的成就感能让他们持续保持专注并参与互动。这种即时反馈是人机交互领域用户界面设计的核心要素。

此外，大量研究表明，在反馈的设计中增加交互过程的趣味性，可以提升用户的情感体验 (Xu et al.,2020)。详尽的反馈可能包含多个组成部分，包括称赞、正确或错误的表情、激励信息（如"做得棒！"和"再试一次"）、仿真呈现（如欢呼声或小动画形式的高兴跳跃的小动物）、获得游戏进程有意义的额外内容等形式。或者可能包括扩展孩子的回答，更好地解释问题或提供更深层次思考的另一个问题（Domagk et al., 2010）。

好的交互设计一定是一种双向的沟通方式，这种方式存在于使用过程中的各个方面。APP 在用户使用过程中应该给予用户充分的反馈，使其清楚地了解到其操作行为的有效性，减少负面心理。

本研究为验证性研究，通过相关理论探索和发展研究框架。以"积极的情感"为中介变量，探讨"针对用户情感体验的交互设计方法"是否会影响"用户评分"。其中以互动、游戏化、目标清晰等 6 个设计原则构成的交互设计方法为自变量；用户感受到的预期、愉悦、信任所构成的正向积极情感为中介变量，APP 用户评分则为因变量。依据相关理论与文献分析结果，针对本研究之研究目的提出以下研究假设：

H1：情感化交互设计影响用户产生正向积极情绪显著。

H2：正向积极的情感体验影响儿童应用程序的用户评分显著。

交互设计评估题目之定义来自以上相关文献之理论分析，所有题目皆建构在理论基础之上。（见表 3-2）

接下来，我们描述如何使用此量表对市场上的 iOS 应用程序的样本进行分析。

变量		项目	文献来源
交互设计（自变量）	目标清晰	G1: 目标明确 如在使用开始时就明确说明目标；各种交互元素与应用程序背景之间是否有明确的界限…等	Rogers and Muller, 2006; Baruque& Melo, 2004;
	反馈	F2: 有反馈 如提供积极反馈来激励儿童，表扬或矫正等	Cooper, 2003; Domagk et al., 2010
	交互性	I3: 有丰富交互 分为低交互和高交互。低交互：用户可以从内容列表中进行选择，但一旦选择就无法控制内容。高交互：用户可以在整个应用程序中与内容进行交互	Hirsh-Pasek et al., 2015; Chwyl, 2018; Malizia and Bellucci, 2012;
	游戏化	G4: 有游戏化元素 如定制、允许孩子决定故事的发展方向或自定义角色名称、采用积分升级奖励系统等	Deterding et al., 2011; Fizek, 2014; Kiryakova et al., 2014
	关注	F5: 有助于提高关注力 是否包含广告或内部购买、背景音乐是否存在干扰等	Cooper, 2003; Domagk et al,. 2010
	脚手架	S6: 有脚手架功能 是否以儿童可以理解的方式向儿童传递 APP 的目标，如是否包含语音提示、菜单负责程度、互动提示、标签	Hirsh-Pasek et al., 2015; Chwyl et al., 2018
情感体验（中介变量）	满足预期	A7: 满足了用户的心理预期	Plutchik, 1988
	愉悦	J8: 令人感到愉悦，喜欢该产品	
	信任	T9: 信任该产品	
用户评分（因变量）		US10: 下载量和用户评分 / 用户会下载并使用该产品	Apple's 5-star rating system

表 3-2 情感化交互设计影响用户情感体验与用户评分之量表

研究分析

样本选择标准

APP Store 为与儿童有关的 APP 提供了一个特定的"Kids"类别，由于面向儿童的 APP 中的大多数应用也属于教育类或游戏类，因此我们也专注于其他类别中与儿童有关的 APP。因此，我们的搜索范围包含澳洲和中国 APP store 中的"儿童 kids""教育 education""娱乐 entertainment"和"图书 books"类别。我们遵循一种系统的方法来选择要评估的代表性应用样本。我们在分析中同时包括了学习型和娱乐型应用程序，因为我们的设计建议并不直接与学习相关，而是与儿童在与任何应用程序进行交互时情感体验方面有关。初步搜索从两个国家的 Apple store 相关类别中从 2021 年 6 月至 7 月的 top graph 列表中总共获得了 962 个与儿童相关的免费和付费应用程序。

接下来，我们仔细查看了每个应用的说明，通过纳入标准筛选了这些应用程序。首先是年龄组的筛选，针对年龄的设计至关重要，年龄组之间有非常细微的区别。多年来的研究一致发现，在为儿童设计时需要针对非常准确的年龄组。澳洲的 APP store 中按照适龄范围将儿童类 APP 和游戏分为以下 3 类：5 岁以下、6—8 岁和 9—11 岁。而中国的 APP store 是按照年龄标注的评级表明该 APP 的使用年龄段，分别是 4+、9+、12+。不同年龄组的儿童都有不同的行为、身体和认知能力，随着年龄的增长，年长的儿童用户会更加精通技术。我们的研究针对家庭用户，纳入考虑的研究对象是年幼的儿童用户和为他们提供帮助或陪伴他们使用的家长及看护人。因此，根据为这些应用程序的年龄指定，我们的评估样本选择专门针对 4—8 岁儿童，排除了明确指定目标年龄在 9 岁以上的应用，约有 397 个应用程序符合评估条件。此外，对应用程序进行评分的用户数量会影响分数，例如，一个应用被 2 个用户评为 5 星，而另一个应用被 175 个用户评为平均 3.6 星。因此，用户评论少于 10 条的应用被排除在外。此外，我们还通过以下 3 个纳入标准筛选了这些应用程序：

• 我们专注于内容型应用程序，因此我们删除了诸如 YouTube Kids、ABC

Kids、Epic 等在 PBS 或 YouTube 儿童内容上提供流媒体视频集合的应用程序。

• 由于该组设计指南的差异，专门针对残疾和特殊儿童的应用程序被排除在外。

• 闪退和卡顿的应用程序被排除在外。

我们的最终数据集包括 72 个应用程序，完整的应用程序列表见附录 1。

评估过程

为了检查评分标准是否确实一致，我们使用了以下程序。3 位熟悉该过程的领域专家研究人员使用以下程序审查了样本。首先，研究人员访问苹果商店并下载了示例应用程序，记录应用的星级和用户评论，通过 APP Annie、commentsence 等第三方网站探索应用评价和评级来获取宝贵的用户反馈；其次，使用每个应用程序，直到完成；最后，使用设计框架对每个应用进行评估，并使用评估量表记录分数。然后，还有一名研究人员再次审查了示例应用程序，以及所有关于应用程序分数（评估工具）、星级评分和用户评论的普遍同意的注释。

所有应用程序都是使用 iPad 128GB（型号 A1432），iOS 14.4.2 下载和分析的。该型号配备 10.2 英寸的视网膜屏和 2160 × 1620 像素分辨率，264 ppi。研究团队在编码过程中探索了每个应用程序的所有功能。

结论与建议

在样本分析后第一步即进行验证性因素分析（confirmatory factor analysis,CFA）。设计是确定用户的反应与产品能否成果的至关因素（Bloch,1995）。设计师为有效传达设计理念，会制定相关量表以评估用户的反应，这是设计过程中重要的一环（Jagtap and Jagtap,2015）。因此，本研究包含 6 个交互设计建议的量表被用作评估工具，该量表不关注应用程序甚至单个公司产品的教学或技术特征，考虑的是儿童应用程序的交互设计方面，以及技术设备的特性。分析量表采用 Likert-type 5 点量表，分别为 1 分代表"不符合"，2 分代表"稍微不符合"，3 分代表"普通"，4 分代表"稍微符合"，5 分代表"非常符合"。接下来，3 位研究人员根据详细的经验分析来定义我们的评估量表，完成的评估量表示意见表

APP	变量	内容	评分
1	交互设计	目标清晰 -G1	1 2 3 4 5
		反馈 -F2	1 2 3 4 5
		交互性 -I3	1 2 3 4 5
		游戏化 -G4	1 2 3 4 5
		关注 -F5	1 2 3 4 5
		脚手架功能 -S6	1 2 3 4 5
	交互设计评分		
	积极情绪	满足预期 -A7	1 2 3 4 5
		愉悦 -J8	1 2 3 4 5
		信任 -T9	1 2 3 4 5
	情感体验评分		
	用户评分		1—5

表 3-3 基于情感体验的交互设计评估量表

3-3。随后，研究人员希望探索用户对这些应用程序的看法是否与情感体验评估系统之间存在关联。所有应用程序均基于 Apple 的 5 星评级系统（最低和最高评级为 1—5），得分范围为 2.6 到 5，部分示例应用程序列表如表 3-4 所示。Apple 的 5 星评级系统代表了应用的受欢迎程度和下载量数据，一个应用被应用商店确定推荐，可以解释其在流行度和下载量方面的突然激增。

APP 样本量为 72，一般建议样本数最少为变数项的 5 倍，且总样本数要大于 100，其才能确保因素分析结果的可靠性（Ghiselli, Campbell and Zedeck, 1981；Gorsuch, 1983）。在统计部分本研究针对结构方程模式进行分析，将评估所得数据以统计软件 SPSS22.0 版进行分析，由于量表题目定义的基础来自各方学者的理论架构，因此省略前测的探索式因素分析来探索与重新建构题目，直接采用较严谨的统计程序来检验量表，以验证式因素分析确认量表可行性，再以结构模式分析与研究假设验证确定本研究之模型路径图与研究假设结果。

该量表被用作评估工具，在交互设计和情感体验两个领域对儿童应用程序进行评估。其中自变项为交互设计建议（目标清晰、游戏化、互动、反馈等），中

Variable		Item	Factor loading
Interactive design	Goal clarity	G1	0.819
	Feedback	F2	0.815
	Interactivity	I3	0.888
	Gamification	G4	0.819
	Focus	F5	0.790
	Scaffolding	S6	0.821
Positive Emotion	Anticipation	A7	0.840
	Joy	J8	0.936
	Trust	T9	0.914

表 3-4 变量的因子载荷

介变量为情感体验评分，依变项为用户评分。我们使用评估量表的结果来衡量示例应用程序在多大程度上根据儿童的情感需求采用了适当的设计方法。总体样本的交互设计平均得分为 3.94（标准差 =0.73），情感体验平均分为 3.99（标准差 = 0.62）。用户评分标准从最低 2.6 分到最高 4.8 分不等，平均用户评分为 4.13（标准差 = 0.57）。此外，我们还想探索设计标准所表明的每个应用程序的情感体验分数是否符合用户的评分。

效度分析

在进行因子分析之前，先对样本数据进行 KMO 和 Bartlett 球检验。所有变量的 KMO 值均大于 0.7，接近于 1，说明变量适合进行因子分析。而 Bartlett 球检验的显著性为 0.000 且小于 0.05，代表变量进行因子分析。本研究采用主成分分析法提取因子，选择主成分分析法提取因子。各变量的因子载荷均在 0.7 以上。如表 3-4 所示，量表效度符合要求。

信度分析

通过信度分析计算出各维度和各观察变量的 Cronbach's Alpha 系数和总量表，如表 3-5 所示。目标清晰度的 Cronbach's Alpha 为 0.891，Feedback 的 Cronbach's Alpha 为 0.890，Interactivity 的 Cronbach's Alpha 为 0.878，Gamification 的 Cronbach's Alpha 数为 0.898，Focus 的 Cronbach's Alpha 为 0.907，Scaffolding 的

Variable		Cronbach's α if Item Deleted
Interactive design	Goal clarity	0.891
	Feedback	0.890
	Interactivity	0.878
	Gamification	0.898
	Focus	0.907
	Scaffolding	0.89
Positive Emotion	Anticipation	0.88
	Joy	0.743
	Trust	0.9

表 3-5 Cronbach's Alpha 系数

Cronbach's Alpha 为 0.89，均小于标准化项的克隆。Cronbach's Alpha 的预期、喜悦和信任分别为 0.88、0.743 和 0.9。各变量的 Cronbach's Alpha 均超过 0.7，量表的信度尚可。

相关性分析

相关性分析结果见表 3-6。情感交互设计与用户评分呈显著正相关，系数为 0.0582；积极情绪与用户评分也存在显著正相关，系数为 0.561；情感交互设计与积极情绪呈显著正相关，系数为 0.93。

	User's rating	Emotional interactive design	Positive emotion
User's rating	1		
Emotional interactive design	.582**	1	
Positive emotion	.561**	.930**	1

**. Correlation is significant at the 0.01 level (2-tailed).

表 3-5 皮尔森相关系数

回归分析

首先考虑自变量情感交互设计与因变量用户评分之间的回归分析，如图所示。由于情感交互设计与用户评分的回归系数为 0.46，且 p 值为 0 小于 0.01，说明两者在 99% 置信区间下呈显著正相关（见表 3-7）。

其次，考虑自变量情绪交互设计与中介变量积极情绪之间的回归分析。由于回归系数为 1.089，p 为 0 小于 0.01，说明两者在 99% 置信区间下存在显著正相关（见表 3-8）。因此，假设 H1 成立。

最后考虑中间变量积极情绪与因变量 User's rating 如表 3-9 所示的回归分析，对应系数为 0.519，对应 p 值为 0，说明两者存在显著正相关。因此，假设 H2 成立。

Model		Unstandardized Coefficients		Standardized Coefficients	t	Sig.
		B	Std. Error	Beta		
1	(Constant)	2.320	.307		7.548	.000
	Emotional interactive design	.460	.077	.582	5.992	.000

a. Dependent Variable: User's rating

表 3-7 情感交互设计与用户评分的回归结果

Model		Unstandardized Coefficients		Standardized Coefficients	t	Sig.
		B	Std. Error	Beta		
1	(Constant)	-.399	.208		-1.922	.059
	Positive emotion	1.089	.051	.930	21.161	.000

a. Dependent Variable: Emotional interactive design

表 3-8 情感交互设计与积极情绪的回归结果

Model		Unstandardized Coefficients		Standardized Coefficients	t	Sig.
		B	Std. Error	Beta		
1	(Constant)	2.064	.369		5.597	.000
	Positive emotion	.519	.091	.561	5.672	.000

a. Dependent Variable: User's rating

表 3-9 积极情绪与用户评分的回归结果

因此，自变量与中间变量、中间变量与因变量、自变量与因变量之间存在显著相关性，因此图 3-19 中三者之间存在如下关系。

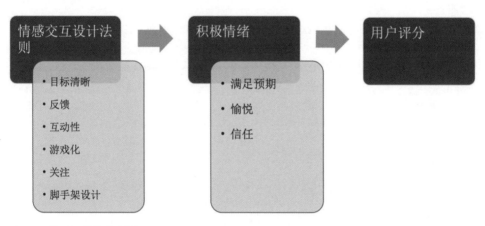

图 3-19 最终研究框架模型

讨论

鉴于儿童参与设计过程的难度，因此为儿童设计的应用程序的准则尚未完善。因此，有必要通过利用儿童发展、教育和人机交互领域中的先验知识来创建此类准则。在本文中，我们首先在 3 个关键情感因素方面（即预期、愉悦以及信任）沿着 6 个维度开发了一个评估框架。然后我们使用此框架来评估当前面向儿童的应用程序在设计上如何满足家庭用户的情感需求，将应用程序的成功

（例如基于用户评分）与应用程序遵循或未遵循该框架建议的程度进行关联。该框架之结构方程模式配适度达到标准，显示本框架具有可行性，而这个以针对情感体验为目的的设计框架，将情感加值于交互设计对正向情感产生与产品质量的测量工具，可成为儿童产品交互设计行业之参考依据，并以可持续发展的模式来实现并满足客户的需求的存续性，显示一个产品对用户的吸引力。本研究的衡量模式也与 Brown（2008）提出的从设计思考的角度评定产品设计的三大准则呼应，分别表示产品的功能、品质优良与制造技术的可行性、产品的创新性，并以可持续发展的商业模式来实现并满足用户的需求，以及表示消费的意愿，显示一个产品对消费者的吸引力。

透过本研究的结构方程模式调查发现产品交互设计影响用户对产品的情感体验，在结构模式中"情感化的交互设计""用户情感体验"和"用户评分"三项度之间具有相互影响的关系。研究结果确认了"正向情感"在"情感化的交互设计"和"用户评分"之间具有中介效果，情感化的交互设计元素能影响用户对产品的情感体验进而提高对产品的认可。此结果也呼应 Kelly（1972）、Schwarz 与 Clore（1983）的研究，指出，当人们面对复杂的决策任务时，情绪可以用作启发式信息来促进决策，因此正面的感觉、愉悦的情绪、喜好度都能促进用户对产品的认可。

我们关注的第一个方面是"愉悦"。令人鼓舞的是，大多数应用程序都强调这一活动。我们注意到，我们研究的几乎所有优质儿童应用程序都具有持续的交互性。与基于文本的提示相比，幼儿更有可能与动态图形或语音提示进行交互。许多应用程序还包含游戏化功能以增强应用程序的乐趣。许多应用程序允许孩子们参与"选择他们的冒险"故事或通过选择设计元素来创建自己的故事。这些活动鼓励儿童的积极参与和创造力（Hirsh-Pasek et al., 2015）。我们关注的第二个方面是"信任"。应用程序应提供"脚手架"以简化儿童的交流和学习，增强年轻用户的自信和安全感。动画似乎让儿童用户喜欢它，增加唤醒度，吸引儿童的注意力。通过适当的动画隐喻，将数字世界的复杂性与现实世界联系起来，让用户直观地感知内容的位置、层次和重要性。优秀的动画图像可以给儿童用户带来积极的情感体验，可以帮助儿童更好地理解使用机制（Chau，2014）。动画角色使用视觉或听觉反馈来指导幼儿处理应用程序，这种支持使大多数应用程序中以指令和消息形式的交流更加有效。我们关注的第三个方面是"预期"。关于目标的明确性，就幼儿而言，当孩子认知活跃且积极主动时，当他们的经历是社交互动且以目标为导向时，学习将得到优化（哈佛家庭研究项目，2014）。我们发现几乎一半的应用都向用户提出了明确的目标，从而明确了使用过程中的期望。在反馈功能方面，许多应用程序旨在根据孩子的反应进行跟进，但这些应用程序提供的反馈质量参差不齐。很少有应用程序提供详细的解释，这些解释已被证明可以帮助孩子澄清他们的困惑或加强他们的理解（Muis et al., 2015; Papadakis et al., 2018）。因此，有必要提供明确的目标、即时反馈和适当的挑战。有必要设计一个通俗易懂的概念模型，让用户可以方便地使用它们，并且在整个过程中始终关注用户的体验。

一款优秀的 APP 往往会具备良好的界面设计、流畅的交互体验、引发共鸣的情感内涵等特点。通过设计手段来提升产品的温度感知，借助用户的情感满足来与用户建立稳定、愉悦的关系，从而使用户从情感层面上认可产品，以此增强产品的用户黏性。与情感体验有关的交互设计大致由这 6 种关键性的要素所组成，我们可以从这些关键点出发，在产品中融入更多的正面情感元素。诚然，用户最终会产生的反应还将取决于他们各自的生活背景、知识技能等方面的因素，但是我们所抽象出的这些组成要素是具有普遍适用性的。

研究的局限性

本研究是一项大型研究项目的初步研究。目前的研究有几个局限性。首先，我们选择进行实证分析的应用程序是基于 2021 年 6 月至 7 月的 iOS 流行排名。我们的样本包含专为年龄较小的儿童（4—8 岁）设计的应用程序。因此，比较专为年龄较大的孩子设计的应用程序将有助于确认我们发现的差距是否可以推广到这些情况。其次，本研究仅使用设计标准来评估 iOS 应用程序，没有儿童参与研究。因此，未来的工作可能会分析来自不同应用商店的应用，并让儿童参与进来，以提高结果的外部有效性。最后，我们敦促研究人员整合设计指南并评估为更广泛的儿童（包括残疾儿童）设计的应用程序的可访问性。

总结

优秀的情感交互设计给用户带来的体验决定了用户黏性和产品内涵，而用户体验的提升涉及更高级、更深层次的心理感受。本研究基于相关文献讨论、理论构建和分析，以及儿童和家庭用户对交互设计感知的概念，开发了一个评估 72 个儿童 iOS 应用程序的量表。该应用程序进行实证分析，以评估基于研究的设计标准是否可以在实践中实施。还验证了"情感化的交互设计""用户情感体验"和"用户评分"三项度之间的影响关系，通过各项分析并确定量表具有可行性。这种以情感设计为框架，为儿童 APP 设计的用户评分增加情感价值的衡量工具，可以作为未来儿童 APP 开发的参考。

设计准则的制定可以为设计人员快速进入和掌握 APP 设计提供依据，有助于设计过程中经由特色的解析导引出具意涵的产品设计应用，经由设计创作实务的进行与演练，验证其在设计执行方面的可行性、其设计和实施的可行性。 本研究提出了一个基于现有情感设计知识评估和设计儿童应用程序的框架。本研究中评估的设计标准可用作未来应用评估和开发的指南。鉴于儿童应用程序的兴起，这项研究可能是朝着实现交互设计在丰富儿童娱乐和教育体验方面的潜力迈出的重要一步。

案例二：儿童参与式设计中情感体验与设计模型构建研究

引言

参与式设计的概念起源于 20 世纪 70 年代北欧国家的劳工运动，目的不仅是为了获得用户对新技术产品的期望，还为了维护他们参与设计决策的民主权利[1]。产品的潜在用户在设计过程中，从设计信息提供者转变为设计参与者或合作伙伴

1　Nygaard K. 计算机与民主：斯堪的纳维亚的挑战 [M]。奥尔德肖特 [Hants, England]； Brookfield [Vt.]，美国：Avebury，1987。

的角色。近年来，参与式设计已被用广泛应用于儿童数字产品设计研究领域[1]。在参与式设计中，儿童被期望以他们的想法为设计作出贡献，而成年人则成为实践者，使设计成为一种与孩子们进行知识建构或价值协商的对话。儿童参与式设计研究（Fitton an Read，2016）渴望通过儿童的参与来提高设计产品的质量，从而改进开发过程。这引起了研究人员对如何评估孩子们在设计中表现程度的关注，以便促进儿童提供优质的设计产品。因为儿童的参与不仅是设计成功的关键因素，对儿童认知发展也具有潜在的益处（Dodero et al.，2014；Garzotto，2018；Hamari et al.，2016；Mazzone et al.，2021）。但在实践中，组织参与式设计活动有效地吸引儿童用户，并让他们在设计中表现出色并不容易，并且缺乏有效评估儿童在游戏设计任务中的参与程度和表现的方法（Moser，2014）。设计的过程包含分析设计目标、构思解决方案、概念化设计文档，并通过原型设计开发产品（Adams，2014）。例如，交互游戏设计中除了界面和交互的美学设计，设计师还必须构思规则和关卡进展的核心机制；如果游戏需要故事情节，设计师必须使其与整体游戏机制和美学保持一致（Adams, 2014）。与儿童一起设计意味着逐步完成上述设计过程，从设计目标分析到设计原型开发。设计不仅需要创造力，还需要认知能力，从工作记忆到逻辑和解决问题的能力。不同的因素会影响儿童在设计中的表现和参与（Moser et al., 2014）。第一个问题是设计任务在认知上的复杂程度，会影响儿童的自我效能。设计活动的任务必须适应所有参与儿童的知识和技能，如果儿童认为活动复杂或分散，儿童很容易感到兴趣下降，导致注意力不集中，从而对他们参与设计活动的表现产生负面影响（Schmidt，2011）。因此，设计活动及其任务必须适应儿童的表达方式，符合他们的认知发育阶段，以使他们能够良好地表现，例如，通过为他们提供合适的设计生成方法。例如，Khaled和 Vasalou（2014）采用头脑风暴和故事板任务来设计儿童游戏，并创建了特定的设计工具包以支持儿童现有认知，从而使游戏设计成为他们可以实现的目标。在儿童参与式设计中出现的第二个问题是，设计是一个漫长的过程，因此，尤其

---

1 Azevedo, R.，2015 年。定义和衡量科学中的参与和学习：概念、理论、方法和分析问题；Educ. Psychol.50 (1), 84–94。

是在正式的学习环境中，它可能必须随着时间的推移在不同的设计会话中拆分，以及暂停，这可能会导致设计过程的碎片化，进而阻碍儿童对参与式设计任务的关注和参与（Schmidt，2011）。

本研究以 8—10 岁小学生（N=25）参与设计过程为内容，收集有关儿童设计产品质量的数据和儿童情感的数据，这两项数据分别作为儿童参与设计的程度和表现的指标。以此分析和讨论了用户情感与儿童产品质量的相关性，以及如何在设计过程中提升用户情感和产品质量。

研究背景

儿童在参与式游戏设计中的表现和参与度的评估

当儿童被视为设计过程的关键价值时，评估儿童在参与式游戏设计中的表现和参与变得至关重要。在关于评估儿童在游戏设计中的表现的实验方法或标准测量方法的研究中，通常的方法是设计人员对儿童设计产品进行定性评估，即评估产品的质量，并跟踪其随时间的演变。如果儿童产品由成人开发或随后与成人一起评估，这种方法可能是有益的（Corral et al., 2015）。

但就参与一项活动而言，有不同的定义和评估方法。其他人强调其在儿童活动中的潜力，促进进一步的反思和实证工作（Boekaerts, 2016）。例如，根据 Hamari 等人（2016）的研究，当孩子表现出高度的享受、专注和兴趣时，他们会积极参与一项活动。Occumpaugh 及其同事 (2015) 给出了评估学生参与度的行为指标，以及相关的编码方案。

对于本文而言，最重要的是，在心理学文献中，参与程度通过特定的情绪表示，以此评估儿童在活动中的表现（Pekrun，2006；Pekrun and Perry，2014），如下所述。

情绪和控制价值理论

参与程度的评估通常采用行为和情感维度作为核心指标（Pekrun，2006；Pekrun and Perry，2014）。在心理学文献中，关于情绪如何在能力相关环境中发挥作用存在不同的理论观点（Ekman and Davidson，1994；Izard，2013；

Plutchik，2003；Russell，2003；Shuman and Scherer，2014）。本文主要关注控制价值理论（Pekrun，2006；Pekrun and Perry，2014）。在该理论中，情绪与成就活动（或结果）有关，因此被称为成就情绪。成就情绪可以根据两个维度来概念化：效价（积极情绪与消极情绪）和唤醒度（激活情绪与非激活情绪）。这些维度使人们能够区分积极的情绪（如享受、放松）、消极的情绪（如焦虑、无聊）。传统学习领域的实证研究表明，绩效与积极的激活情绪（如享受）呈正相关，与消极的消极情绪（如无聊）负相关，而关于绩效与积极激活情绪（如放松）之间的关系并没有一致的发现（Pekrun，2006；Pekrun and Perry，2014）。情绪也与参与行为具有相关性，享受（积极）与参与行为正相关，而焦虑（消极）和无聊（消极）与参与行为负相关（Kahu et al.，2014；斯金纳 et al.，2008）。控制价值理论可以帮助描述和解释成就情绪在儿童设计活动中的作用，评估儿童在活动中的参与和表现。

情绪自我报告评估

情绪可以通过自我报告来评估，自我报告工具具有代表洞察人们情感世界的最直接方式的优势（Pekrun and Bühner，2014。自我报告工具也有局限性，例如，与依赖口语沟通和认知能力有关（Pekrun and Bühner，2014）。在处理儿童情绪时，这些限制可能会带来很大的挑战，在情感领域他们的观点选择和认知能力比成人的能力更有限（Denham，1998）。8 岁以上的小学生通常已经在情绪能力的一些关键组成部分达到了一定的掌握程度（Denham，1998），特别是在识别基本情绪和复杂情绪的面部表情的能力方面，并理解和使用适当的标签来描述它们（Cutting and Dunn，1999；Denham and Couchoud，1990）。因此，简单、结构化格式和图片支持的自我报告工具可适用于评估 8 岁以上小学生活动中的情绪。本研究采用 Raccanello（2014）提出的儿童情绪集（GR-AES）。GR-AES 的重点是调查儿童在活动中的情绪，这与评估游戏或其他技术解决方案的感知或偏好不同。GR-AES 可以被用来引导孩子们特别提到设计过程中出现的情绪，页面的顶部都有一个问题，对应情绪的强度，例如，"你有多喜欢自己？"。通过 5 个表情对应于 5 个递增的情感强度级别，孩子们可以从中选择。每张面孔标有文字说明，即"一点也不""稍微""中等""非常"和"非常"。GR-AES 有两个版本，按性别区分，以支持儿童的识别。如图 3-20 所示。

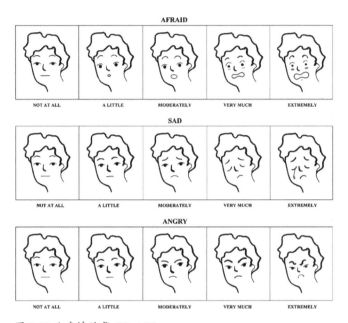

图 3-20 儿童情绪集 GR-AES

儿童参与式设计方法

基于以上研究，本文包含合作学习和游戏化的儿童参与式游戏设计方法，在学校设计游戏的研究中逐渐完善，以促进儿童在设计活动中的参与和表现。

合作学习是一种基于建构主义的学习方法（Slavin，1991）。参与式设计方法依靠合作学习来组织儿童的设计工作，维持儿童和成人之间的积极关系。为了实现合作，在参与式设计中为儿童提供明确的规则和角色。Cohen (1998) 的合作学习的教学模式提出为不同的小群体儿童组织课堂作业，并利用小组成员不同的学习和社交技能以培养所有人的可见性。设计中的异质性有助于激发群体创造力和替代想法的出现（Paulus and Nijstad，2003）。

从 Malone 的开创性工作开始（Malone，1981；Malone and Lepper，1987），教育领域已经认识到需要将与能力相关的活动转变为类似游戏的活动，以激发积极的情绪吸引学习者，从而促进他们在学习中的表现。因此，游戏化被用于具有相同目的的学习环境中。游戏化意味着在非游戏目标和非游戏活动中正确使用游戏元素（Seaborn and Fels，2015）。不同的动机理论被用来解释游戏化促进学习者的参与的原因和方式，从而影响他们的表现（Kapp，2012）。游戏化活动应培养儿童的进步感和能力、控制感和社会关联性（Deci and Ryan，2002）。为此，儿童参与式设计使用游戏化来组织设计对话和任务，就像在游戏中一样，并为他们呈现具有直观和清晰功能的游戏化材料，使有形的合作小组的进展、控制和关联成为整个设计中的有效对话。

研究方式

设计过程应呈现为游戏化的任务，明确的儿童设计目标。第一阶段的任务必须营造轻松的氛围，探索活动和材料，以及促进研究人员和儿童之间的相互信任，以维持儿童在设计活动的所有任务中的进步感、控制感和合作感。

任务的设计可以呈现为挑战，例如，制作游戏关卡的原型。挑战应该建立在彼此之上，并帮助孩子们意识到他们正在随着时间的推移而进步。为此，所有设计挑战都应该伴随着合适的生成工具包和游戏化材料。用于设计任务的生成工具包，例如原型框架，应提前由教师或其他教育专家设计，充当代理，并在参与式设计活动之前，对工具包进行试点测试。

研究设计和目标

2022 年春季在澳大利亚昆士兰一所公立学校开展了一项参与式设计研究。该研究涉及澳大利亚布里斯班中文学校的两个班级。共有 25 名儿童（49% 为女孩）参与了这项研究。班级有不同的年龄和规模：三年级的班级 12 名儿童（n=12），平均年龄 8.85 岁，SD=.44；13 名四年级儿童（n=13），平均年龄 9.72 岁，SD =.47。所有孩子都是自愿参加的，他们的父母通过书面同意书授权他们的参与。该研究还涉及两名研究人员和两名教师。其中一位研究人员是专家设计师，她在游戏设计和参与式设计方面拥有专业知识，通过互动对儿童具体的设计选择进行快速口头反馈，从而引导儿童有针对性地进行设计任务。此外，这位专家和至少另一位不与儿童一起工作的专家可以通过在任务之间评估小组的设计产品，该评估的结果以关于设计产品的定性建设性书面反馈的形式向儿童解释。另一个是具有儿童发展经验的教育专家，协助专家设计师设计和试验游戏设计任务及材料，并在设计过程中作为观察员参与收集有关儿童行为的背景数据。两位专家都接受了合作学习的培训，并且参与了整个研究过程。

在活动前，研究人员与所有可能感兴趣的老师组织了一次会议，以解释和讨论儿童参与式设计活动，以及游戏化和合作学习的主要思想。教师向研究人员提供了关于儿童参与式设计活动协议的反馈，研究人员相应地修改了协议。这些教师还获得了一份表格，用于：收集与研究相关的儿童特定数据；根据参与式设计获得的合作学习价值观，为设计活动创建不同的学习和社会风格的儿童群体。具体来说，对于每个孩子，教师以表格形式提供以下信息：(1) 性别；(2) 年龄；（3）社交能力分3级评定，1级最低，3级最高；(4) 工作态度，即学习者是否更喜欢单独工作，还是小组学习；(5) 学习风格，即学习者是全局创造性的，还是演绎分析型的，或者教师可以在自由文本格式中指定的其他东西；(6) 学习能力，即学习者在学校的学习能力是特别精通、精通还是较不精通。该表格还包含一个字段，用于教师的附加说明，涉及儿童同伴关系中的权力分配（例如一个孩子是另一个孩子的支持者），或者一个孩子是否有特殊需要，如果有，是哪一种。该信息用于改进参与式设计活动协议，以通过合作学习管理团队动态，例如，强调倾听所有团队成员想法的规则。研究人员向老师解释了表格，老师在他们的帮助下编写了表格。例如，相关的社交技能与人际关系有关：做出决定，解决问题，以自信的方式进行沟通，管理情绪。研究人员解释，全局创造性的学习者倾向于同时吸收元素而不明确它们的联系；相反，演绎分析学习器将以连续的方式学习和表示情况，通过逻辑路径逐步寻找解决方案。

该活动旨在让儿童参与游戏的早期设计，从讲述游戏故事情节开始他们的工作，由老师选择并在课堂上阅读讨论。该设计活动分为五个设计课程，每次设计活动持续大约一个半小时。设计活动中每个小组都将完成基于角色的游戏的低保真原型和文档。课后活动中，研究人员在教师的协助下，对孩子们进行访谈，以询问他们对设计活动的体验。

与儿童一起参与的游戏设计活动应努力维持他们在设计活动中的表现和参与度。本研究观察儿童在参与式设计中的情绪，以及设计活动中的参与质量，分析产品质量与情绪之间可能存在的关系。描述儿童在设计任务中的情绪强度，专注于享受、焦虑和无聊。这些情绪在小学生中非常常见（Raccanello and Brondino，2016；Raccanello et al., 2013；Lichtenfeld et al., 2012），并被解释为参与度的指标（Skinner et al., 2008；Kahu et al., 2014）。然而，为了系统地检查效价和激活的交叉影响，该研究纳入第四种情绪，即放松。重点关注控制价值理论提出的成就情绪模型的每个象限：享受，一种激活的积极情绪；放松，一种消极的积极情绪；焦虑，一种激活的负面情绪；无聊，一种消极的情绪。并通过评估参与式设计期间儿童产品的质量，将其作为表现是否随时间变化的指标。儿童情绪与设计表现之间的关系需要进一步研究。该研究旨在探索情感演变与产品质量之间的关系，分别作为设计中参与度和团队绩效的指标。因此，该研究提出以下研究问题：

1. 儿童参与设计的具体方式有哪些？

2. 在整个游戏设计活动中，儿童的情绪体验是否能够影响 APP 的设计？

该研究还包括对儿童参与度的探索性定性观察，考虑通过面部表情（例如微笑表情）和主要身体姿势和动作（例如留在工作位置附近）表达的情感状态和行为。观察是按照 Occumpaugh 等人（2015）的方法进行的，并作为更好地解释和定位有关情绪的发现的另一种手段。

儿童参与式设计活动设计

每个小组在课堂上的主要参考点是挂在教室墙上的进度图，显示设计任务。为了跟踪每个儿童在任务中的位置，每组孩子都有他们的徽章，可以沿着地图中的任务挑战移动。其他游戏化的材料还包含每个小组都被赋予了一个用于组织轮流发言的麦克风。当一个孩子拿着麦克风时，他或她可以说话，其他小组成员应该听而不打断。此外，在挑战中，每个小组成员可以画出表情或投票出他们对任务的反馈，无论是积极的还是不积极的。

儿童在小组工作中的角色在任务中重复出现，并在表 3-10 中进行了描述。小组角色在小组成员之间轮换，以便所有儿童都有机会训练不同的技能。

任务1	任务2	任务3	任务4
小组徽章设计	游戏角色原型	关卡设计	游戏原型设计

表 3-10 儿童参与式设计任务

当孩子们填写游戏设计文件时，他们被要求以特定的方式进行。在小组工作的情况下，组长大声朗读文件中的问题。反过来，每个小组成员在小组中分享她或他自己的想法，并由组长汇报。通过轮流使用麦克风，小组成员分享他们的想法并对他人的想法发表意见。在分配的时间之后，该小组必须集中在一个单一的设计选择上，为此，他们进行投票。在结对工作的情况下，一个人阅读问题，另一个人填写答案，两人分享想法。在结对和小组工作的情况下，采用并调整了合作学习的思考—结对共享策略，以便与小组共享结对的产品，无论是游戏设计文档还是原型。该战略分为三个不同的步骤。在"思考"步骤中，每个成员都对所提出的挑战进行了思考或单独工作。在"结对共享"中，小组分成两人一组讨论他们的工作并听取对方的想法，发布游戏设计文档或原型。教师解释或提醒规则，分配和解释合作学习的角色。然后，专家设计师使用进度图和相关的游戏化材料将任务组织解释为挑战。

完成任务后，两位专家对每个任务进行了另一次形成性评价。两人都具有游戏设计和儿童参与式设计方面的专业知识；其中一位是在校的专家。评估是作为专家评估进行的，使用专家的游戏设计知识和 Desurvire 等人（2004）的启发式方法。评估结果作为儿童的定性建设性反馈。

第一项任务旨在：(1) 训练所有儿童合作学习规则和小组角色；(2) 训练儿童进行游戏设计活动和游戏化材料的使用；(3) 创建每个组的身份。任务一从老师解释设计活动目标、规则和小组角色开始。然后，专家设计师通过使用树形图相关的隐喻向孩子们解释游戏设计将如何随着时间的推移而发挥作用：每个游戏都将植根于游戏理念（种子），将建立在机制（树干）和会随着美学（叶子和水果）而蓬勃发展。游戏化材料是在需要使用的基础上发布的。任务一分两步进行：第一步，每组孩子使用分享策略填写他们的表格；第二步，每个小组开发自己的徽章，一起工作。

第二个任务是由高阶概念文档和每组游戏理念组成每个孩子的原型游戏角色。在老师的帮助下解释说，小组必须从故事中选择他们的主要角色，并创建基于角色的游戏来继续故事。每组将创建一个游戏，由两个级别组成，每个小组都必须创造他们的游戏创意以继续故事。他们使用共享策略来填写高级概念文档，并提出诸如"游戏发生在哪里？"之类的"脚手架"问题。每个儿童都获得了另一个生成工具包：一个模板，用于制作他或她自己的游戏主角和对象的原型。角色模板要求孩子们指定身体特征、力量和性格特征，例如勇敢、有趣。在结束时，每个成员都制作了他们的角色原型，并根据他们的技能，以口头或图形方式共同丰富他们的角色。

第三个任务由每组两个游戏关卡的原型及其核心机制文档组成。在小组修改他们的高级概念文件后，每个小组成员单独阅读核心机制文件，然后结对工作，在小组中分享结果。

第四个任务的是从一个级别到另一个级别的通行条件的概念化，如随附的进度文件中所示，以及组装的游戏原型。首先，每个小组使用共享策略一起修改他们的关卡，并为关卡之间的通道填写进度文档，例如"当玩家赢得第一关时会发生什么"。然后，通过使用特殊框架，小组将他们的关卡原型组装到一个游戏中，并为他们的游戏选择标题。其次，所有小组成员都按照进度文件在框架的专用区域中对关卡之间的通道进行原型设计。最后，每个小组向全班展示他们的游戏原型，进行游戏测试，展示与它的互动，以收集同行的反馈。

研究数据收集和分析

本节解释了收集到的与产品质量和设计活动中的情感有关的数据。我们根据因变量的特点进行了非参数和参数统计分析。

设计质量

在儿童参与式设计研究中，儿童群体在多个工作任务中从事游戏设计任务，这类似于成人游戏设计师的任务。在每个任务结束时，从第二个任务开始，每个小组都发布了一个游戏设计产品，可以通过考虑儿童游戏设计产品来评估性能。在活动的最后，两位具有游戏设计和儿童参与设计专业知识的专家设计师对儿童产品进行了分析和评估。

设计师迭代地创建和改进主题，以探索儿童产品与游戏设计启发式的紧密程度，特别是可玩性启发式。对于每个主题，Tullis 和 Albert 的研究（2013）列出了评估儿童产品的问题，产生的主题和相关问题如下。

元素：游戏角色、他们的力量和道具，在游戏设计文档中被概念化，但它们不用于原型。

目标：游戏构思的目标或玩家在游戏关卡中的目标。

故事情节：游戏玩法和故事之间的相互作用并不总是保持不变，游戏和故事元素之间的一致性并不总是保持不变。

游戏玩法和机制，包含如何克服挑战没有明确规定，关卡之间的通行条件没有明确规定。

文档：在任务二中为核心机制文档，在任务三中为进度文档。

所有主题均适用于所有任务，但文档和游戏玩法和机制除外。对于每个主题和产品，设计专家必须编写一个简单的"否"或"是"，以免他们发现没有问题产品中的主题；他们必须编码"是"，以防他们在产品中发现至少一个主题问题。为了提供编码器间的可靠性，与学校合作的专家对所有产品进行编码。

如前所述，在 Pekrun 的控制价值理论的基础上开发的 GR-AES 是一种能够评估成就情绪强度的语言图形自我报告工具。在每次任务结束时，研究人员使用 GR-AES 观察儿童在设计活动期间的情绪。在任务一中，GR-AES 中情绪的呈现顺序是随机的；每个孩子必须指出她或他在任务期间对每种情绪的感受（例如"想想你在今天的任务中的感受。对于如下所示的每种情绪，表明你的感受"）。并使用李克特式量表，使用 1 到 5 的分数来编码每种情绪的强度：1 = 完全没有；5= 非常。

研究结果

本研究主要收集了以下数据：随着时间的推移，游戏产品的质量与儿童在设计过程中的表现是否相关，儿童情感体验是否与参与设计有关。本研究使用描述性和推论性统计分析数据。SPSS 版本 21.0 for Windows 用于计算统计数据。显著性水平为 setatp<.05。

设计质量

在任务结束时，小组发布了包含游戏设计文档和原型的产品。任务中某个主题的小组的质量得分（简称为质量得分）定义如下：在任务结束时，如果小组的产品被编码为"否"（没有适用的问题），则该组的质量得分设置为该主题和该任务的 1（积极的结果，即高质量）；否则质量分数设置为 0（否定的结果，即低质量）。对于每个问题和任务，表3-11列出了主题和任务质量得分为 1 的组别。

类别	任务 1	任务 2	任务 3	任务 4
元素	3、4组	1、2、3组	2、3、4、7组	1、2、3、4组
目标	1、4组	1、2、4、5组	2、4、7组	1、2、4、5组
故事清洁	2、4组	1、2、4组	1-5组	1-5组
玩法 / 机制	-	2组	2、3、4、7组	1、2、4、5组
游戏文档	-	1、2、3、4组	1、2、3、4、5组	1-5组

表 3-11 小组设计质量评分

情感体验数据分析

侧重于使用 GR-AES 在每个设计任务结束时收集的 4 种情绪：享受、放松、焦虑和无聊，并考虑与效价、激活和时间相关的可能的强度差异。为了检查变量的正态性，研究人员验证了偏度 (M=.74, SE=.78) 和峰度 (M=.85, SE=.40) 的平均值不超过 |2.0| 和 |7.0|，分别支持正态性假设。研究人员进行了 $2 \times 2 \times 5$ (Valence [积极情绪、消极情绪] × Activation [激活情绪、停用情绪] × 任务（Mission）重复测量方差分析的强度 4 种情绪，以效价、激活和使命为主体内因素。发现了 Valence 的主效应，$F(1, 34)=38.07$, $p < .001$, $\eta p2 =.53$（偏 eta 平方），表明积极情绪的强度较高 (M =2.97, SE =.12)，负面情绪 (M =1.88, SE =.09)。此外，出现了显著的双向交互 Valence x Activation，$F(1,34)=9.81$, $p=.004$, $\eta p2$

=.22。享受的激活积极情绪（M =3.23，SE =.17）比放松的消极积极情绪（M =2.70，SE =.12）更强烈。两种负面情绪的强度没有显著差异（焦虑：M =1.83，SE =.13；无聊：M =1.93，SE =.12）。最后，Mission F(4,136) =2.55, p=.042, η p2 =.07, Mission × Valence, F(4,136) =5.62, p < .001, η p 2 =.14, Mission X Activation, F(4,136) =4.23, p=.003, η p2 =.11, 结果显著。

　　为了进一步探索这些发现，我们对四种情绪分别进行了 4 次重复测量方差分析，其中任务为主体内因素，关于情绪的强度，分别为 4 种情绪。任务 Mission 对每种情绪都有显著影响（享受：F(4,136) =3.87, p=.005, η p2 =.10；放松：F(4,136) =6.45, p < .001, η p 2 =.16；焦虑：F(4,136) =3.12, p=.017, η p 2 =.08; 无聊：F(4,136) =3.59, p=.008, η p2 =.10）。总而言之，关于研究问题，这些结果记录了根据设计任务的情绪强度随时间的变化，这引发了对其组织的反思，从而更好地支持儿童参与未来的体验。

组别	任务 1	任务 2	任务 3	任务 4
1 组	.50	.83	.50	1.00
2 组	.50	1.00	1.00	1.00
3 组	.25	.50	.67	.50
4 组	1.00	.67	1.00	1.00
5 组	.00	.33	.33	.83
M	.25	.54	.59	.81
SD	.35	.29	.34	.19

表 3-12 每个组和任务的产品质量（M2-M5）；各组的均值 (M) 和标准差 (SD)；较高 / 较低的均值与较高 / 较低的产品质量相关

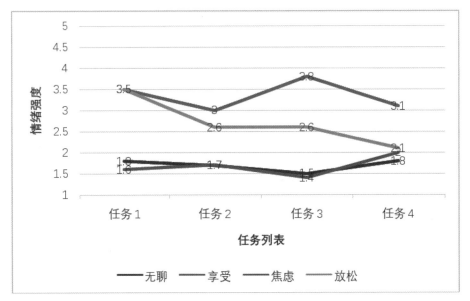

图 3-21 每个任务的平均情绪强度

情感体验和设计质量数据分析

调查设计质量与享受、无聊、焦虑和放松 4 种情绪之间的可能关系。每个任务的情绪强度和每个任务的产品质量之间的相关性再次分别在个人级别（运行参数 Pearson 相关性）和组级别（运行非参数 Spearman 相关性）计算。因此，相关系数对于个人水平是 r，对于群体水平是 rho。分析揭示了在个人和群体层面，对于相同的使命，享受和无聊的强度与产品质量之间存在显著相关性。在享受方面，任务一呈正相关（个人水平：r =.42，p=.012 ；群体水平：rho =.77，p=.015），而对于无聊，任务二（r =- .41, p=.013; rho =-.76, p=.017) 和任务三呈负相关 (r =-.35, p=.037; rho =-.72, p=.029)。因此，研究数据支持以下结论：在相同的任务中，设计质量与享受正相关，与无聊负相关。仍然在同一任务中，放松和焦虑与产品质量之间没有显著相关性。

此外，任务中的情绪强度经常与后续任务的产品质量相关，并且显著相关，这表明情绪的一种延迟效应会产生对后期产品质量的期望，个体之间存在细微差异和组级别。具体来说，任务二的享受与任务三 (r =.59, p < .001; rho =.84, p=.005) 和任务四 (r =.52, p=.001; rho =. 76, p=.017)，在任务三中测量的享受与任务四的质量呈正相关 (r =.36, p=.036)。在 M1 中测量的焦虑与任务四的设计质量呈正相关（r =.40，p=.018；rho =.77，p=.016）。在任务一中测量的无聊与任务二 (r =-.61, p < .001; rho =-.78, p=.012) 和 M3 (r =-.47, p=.005) 的设计质量呈负相关。在任务二中测量的无聊与任务三 (r =-.47, p=.004; rho =-.72, p=.027) 和 M4 (r =-.52, p=.001; rho) 的设计质量呈负相关 =-.89, p=.001)。在任务三中测量的无聊感与任务四的产品质量呈负相关（r =-.45，p=.007；rho =-.90，p=.001）。

总体而言，首先，与任务中的乐趣和无聊相关的发现，以及它们与任务产品质量的关系具有统计学意义。任务中的情绪强度往往会对后续任务产生一种预期效应，影响设计的质量。特别是在任务一中，焦虑对随后的产品质量有某种延迟影响；最初的焦虑，可能是由于活动的新颖性，似乎部分有助于提升儿童产品的质量。

讨论

游戏设计产品的质量，被视为儿童在设计活动中表现的指标；儿童的情感体验，被视为儿童参与设计活动的指标。研究结果表明，随着时间的推移，产品质量趋于提高，设计任务之间存在显著差异，特别是在创建第一个游戏任务和最终游戏设计文档和原型发布（任务四），表明孩子们正在提高他们的游戏设计性能。与设计活动的组织有关，可以对这种增加进行不同的解释。首先，它表明设计活动的组织，在专家设计师的协助下分为合作小组的进步任务，是赋予儿童权利的。特别是多种类型的反馈可以帮助孩子们反思他们的产品：专家在任务期间和跨任务期间对其产品的评估产生的专家反馈；同伴反馈，通过结对或小组讨论与合作学习策略、规则和角色来促进。

关于情感体验和儿童参与设计的程度，研究结果表明，平均而言，任务使儿童参与，他们引发的积极情绪多于消极情绪。关于激活的维度，激活情绪比停用情绪更强烈，但这种效应仅对积极情绪有效。值得注意的是，与上述统计结果相关的效应量很大，表明结果的强度。统计结果部分得到任务期间参与观察的支持，这些观察强调所有儿童都在规定的时间内完成了他们的设计任务。还考虑到设计任务中的情绪出现了显著差异，均以中等效应大小为特征。有趣的是，与任务四相比，任务一和二的放松强度明显更高，这证实了对第一个任务的设想，即营造轻松的氛围。根据任务一中的观察数据，训练帮助孩子们放松并参与。

另一个有趣的发现是关于自我报告的情绪强度：任务二和任务四显示出情绪增长趋势的变化，例如，任务一的享受强度高于任务二，尽管并不显著，在任务三中比在任务四中焦虑强度显著降低。在任务二中，孩子们必须概念化他们的游戏理念。在任务四中，孩子们必须完成有关游戏关卡的工作。根据参与度观察，此时孩子们比其他任务更频繁地征求专家的反馈，也出现了更多的脱离迹象，例如在任务四中，"不同组的孩子举手征求专家对他们游戏设计的反馈选择，在等待时表现出紧张"。从任务一到任务二享受程度降低的一个可能解释与任务二中游戏设计理念概念化的抽象性质以及对设计需求复杂性增加的感知有关。 M4 中焦虑增长的一个可能解释是，孩子们必须做出复杂决定才能完成他们的游戏关卡。孩子们可能认为任务二和任务四设计任务对他们的技能来说太具有挑战，但他们在任务中具有更好的游戏设计性能。

最后，自我报告的数据显示，任务四焦虑强度再次降低，无聊程度增加。关于儿童参与的观察仅部分证实了这一发现。据观察，小组出现了混乱，例如，几个小组成员离开他们的桌子，看着别人的产品。然而，孩子们似乎也喜欢他们的游戏设计（例如观察到笑脸和骄傲的姿势），并看到他们的游戏最终全部组装完毕。特别是，当一个小组展示他们的作品并进行游戏测试时，所有其他人都倾听并提出了许多适当的问题。

关于情感体验和设计质量的关系，首先，考虑到 M2 和 M3 任务，产品质量与快乐的积极激活情绪正相关，而与无聊的消极消极情绪负相关。换言之，根据控制价值理论（Pekrun，2006；Pekrun and Perry，2014）：孩子越喜欢设计活动的使命，完成的产品质量越好；相反，孩子们越无聊，他们的产品质量就越差。其次，一个任务的情绪与后续任务的产品质量之间经常出现关系，表现出一种期望效应。特别是在任务一中测量的焦虑（一种消极的激活情绪）与任务四中的产品质量正相关。这一结果似乎表明，最初的焦虑可能部分影响了儿童产品的质量。然而，这种最初的焦虑可能更多是由于新奇因素而不是任务一任务，同样鉴于任务一中报告的放松强度明显高于其他任务。

总体而言，结果强调了监测儿童的快乐和无聊情绪的重要性，因为随着时间的推移，这些情绪似乎有助于提高儿童产品的质量。尤其是喜欢任务的孩子，在后续的任务中也会发布优质产品，无聊的孩子反之亦然。

研究的局限性

本研究受到样本量以及没有对照组的限制。低样本量迫使研究人员采用固定的情绪呈现顺序，对结果有潜在的顺序影响。该研究设计仅允许进行相关性分析，无法就变量之间关系的方向性得出结论。需要进一步的研究，例如更大的样本和对照组，以确定因果关系，并概括有关儿童在设计和参与设计活动方面的表现的研究结果。特别是与其他参与式设计方法相比，没有对照组不允许明确了解本研究的影响。最后，有关情绪的结果仅限于儿童报告的内容，而有关参与的观察主要限于可见数据。在未来的研究中也将考虑额外的检测参与度的工具。

总结

据我们所知，很少有这样的系统调查，涉及儿童的表现和他们对设计活动的参与。本文报告的研究调查了整个游戏设计体验中情感体验和设计质量之间的相关性。关于儿童在设计中的表现，研究结果表明产品的质量会随着时间的推移而提高，这表明儿童正在提高他们的游戏设计表现。这样的结果可能是由于设计挑战的进展，并且为儿童提供了多种"脚手架"机会，来自同龄人合作学习以维持讨论和分享想法；来自领域专家，在设计会议期间通过"脚手架"对话进行的快速口头反馈，以及对跨任务的任务产品的书面反馈。未来的参与式设计体验可能会采用这样的组织选择，从而最大限度地为儿童提供发布优质设计产品的机会，并对设计过程产生积极影响。

至于儿童参与设计，研究结果支持享受和放松的积极情绪与焦虑和无聊的消极情绪相比具有更高的显著性。最值得注意的是，在任务一中的放松比在任务二中更高。因此，任务一似乎营造了一种相互信任的氛围，然后设计专家对孩子进行设计培训，并询问孩子们的游戏体验。然而，任务二和任务四反馈请求达到峰值，享受强度降低，焦虑强度增加。在任务四中，孩子们必须发布他们的核心机制文件和关卡原型。这些结果表明，在此类游戏设计任务期间提供形成性反馈的单个专家设计师可能是不够的。关于设计质量也与享受正相关，与无聊负相关，具有一种由情绪对未来表现产生的预期效应。这些结果证实并扩展了心理学文献中先前的发现，这些发现考虑了成就情绪在学习领域中传统活动的作用（Pekrun and Perry，2014）。

总体而言，本研究可以为参与式设计和儿童游戏设计提供有关儿童参与式游戏设计的有用见解。研究结果指出了影响儿童游戏设计产品的相关质量主题和问题。还建议监测与参与设计任务相关的特定情绪，以及与儿童产品质量和总体设计幸福感相关的特定情绪。最后，值得一提的是，本研究的一个关键特征是通过游戏化和合作学习来组织参与式设计，例如，通过创建特定的游戏化技术增强对象来促进儿童在参与式设计和追踪相关数据方面的合作。

案例三：培养学龄儿童同理心的交互游戏设计指南

引言

本研究重点关注同理心，这是一种社交技能，揭示了从他人的角度分享和理解他人经历的能力，能够向他们解释这种理解（Del Prette and Del Prette, 2005, 2011）并认识到共享内容主要是他们的（Cuff et al., 2016）。同理心与个人的个性和当前的情绪状态有关（Cuff et al., 2016）并促进与他人的深层联系（Del Prette and Del Prette, 2005）。缺乏同理心通常与反社会行为有关，有时表现为对他人的攻击（身体或心理），例如欺凌（Del Prette and Del Prette, 2005; Van Noorden et al., 2017）。

儿童的互动是通过游戏培养同理心的最佳机会，因为他们可以锻炼可能成为他们生活一部分的技能（Tonetto et al., 2020）。各种游戏都可以帮助孩子们学习如何社交，包括开放空间活动，例如在公共游乐场玩耍（Lange, 2019），以及通过棋盘和纸牌游戏等结构化游戏进行互动（Hassinger-Das et al., 2017）。游戏的设计可能具有锻炼特定体验的明确意图，例如与他人合作和分享情感。

这项研究旨在为创建游戏以激发移情行为制定设计指南。这些指南是由专家在一项探索性研究中制定的，并应用于设计名为"我知道"的实验游戏。通过参与式观察观察与游戏互动的儿童，以评估指南的应用。

研究背景

共情是一种情感表达，能够满足两个人之间的深层联系（Del Prette and Del Prette, 2005）。与其他社交技能一样，它与主观幸福感呈正相关（Nair, Ravindranath and Thomas, 2013）。在社会认知神经科学领域，同理心被理解为由几个相互影响的成分组成：两个人之间的情感分享，一个自动的感知和行动过程，导致共同的感受表达；自我意识，对另一个人的暂时认同，不会混淆他们是谁和另一个人是谁；心理灵活性，有意识地接受他人观点的过程，通常被称为"设身处地为他人着想"；监管过程，即个人对自身感受的一系列表达和控制能力（Decety and Jackson, 2004；Decety and Moriguchi, 2007）。Gerdes、Lietz和Segal（2011）提出了更全面的移情概念，它包含三种类型的过程：（1）情感，对应于人与人之间的情感分享；(2) 认知，包括自我意识、心理灵活性和情感调节；(3) 同理心，与对所经历的情况作出反应有关。因此，它是一个由情感和认知组成的多维结构（Van Noorden et al., 2015; Barnett and Mann, 2013; Van Langen et al., 2014; Mitsopoulou and Giovazolias, 2015）。同理心的强度取决于个人体验此类过程的能力。

当孩子们发展同伴文化时，学龄开始是培养同理心的重要时刻，与其他孩子的关系对于社会发展变得比家庭互动更重要。从学龄开始，儿童的认知能力使他们能够接受他人的观点并发展他们的道德价值观。在他们的社交互动中，孩子们可以了解他人的想法和感受，是什么影响了他们的行为，并使他们能够表现出对他人的尊重。集体游戏是朋友之间许多社交互动的基础，有助于培养他们的社交能力（Frost, Wortham and Reifel, 2011）。游戏活动对儿童社会发展至关重要（Vygotsky, 2009；Frost, Wortham and Reifel, 2011）。通过玩耍，他们建立了自己的身份，创造了一个安全的地方来处理他们的情绪和学习社会生活规则（Frost、Wortham and Reifel, 2011）。想象力扩大了体验的范围，让孩子们能够生活在没有直接经历过的情境中。在处理情绪时，通常无法区分幻想与现实（Vygotsky, 2009）。从这个意义上说，富有想象力的游戏也可以帮助思考他人的观点和分享感受（Waite and Rees, 2014）。

"近端发展区"（Vygotsky, 2007）的概念有助于理解在儿童时期锻炼社交技能的重要性。孩子们单独表现的是他们的实际发展水平。此外，他们在实践中需要帮助表明了他们的潜力。因此，最近发展区表示处于成熟过程中的功能。行为模仿也可以表明孩子处于这个区域（Vygotsky, 2007），这可以通过他们在彼此互动时的谈话和行动来观察（Frost, Wortham and Reifel, 2011），例如玩游戏。Humphries (2016) 提出了在学龄前开发合作和亲社会游戏的七项指南。第一，将"控制权交给孩子"，帮助他们通过游戏直观地探索和学习。第二，使用激励活动来激发注意力、相关性、信心和满意度，从而专注于游戏。第三，考虑年龄组的"发育充分性"。第四，注重设计中特定技能的发展。第五，多用户设计，拓展游戏文化世界。第六，促进儿童对环境和交互设备的访问和使用。第七，鼓励协作使用，尤其是在不同性别的儿童之间。Gielen (2010) 还指出了玩具和游戏设计中的三个准则。第一个准则是漫无目的，指的是孩子对活动的流程而不是最终结果的兴趣。了解儿童的文化背景是第二条准则，它不仅取决于理论和童年记忆，还取决于密切的互动。游戏价值的第三个准则，是指激励孩子开始游戏、继续并返回游戏的刺激，这是孩子玩耍时的乐趣。

研究方法

本研究采用了行动研究（Tripp, 2005；Thiollent, 2011），设计师和心理学家制定了设计游戏的指南，以在学龄期培养同理心。提交给专家的简报是"为在学龄前几年激发同理心的游戏制定设计指南"，包括此类游戏应具备的所有材料属性和游戏动态。研究中采用的社交技能的定义，包括同理心的情感和认知成分、童年时期缺乏同理心的影响（例如欺凌行为）以及玩具的类别和游戏动态（例如主动游戏、操纵游戏、假装游戏、创意游戏和学习游戏）。这些指导方针被应用于一款名为"我知道"的游戏的开发中。它是由一对学龄儿童进行的棋盘游戏，由角色和卡片任务组成。

参与者和道德程序

作者与澳大利亚昆士兰州的一所公立小学合作，通过他们的专业网络访问。研究目标已提交给学校校长，校长同意支持这项研究并允许学生接触。该研究计划随后提交并由澳大利亚格里菲斯大学的机构审查委员会批准。

研究人员邀请 28 名儿童（7—12 岁）参与了研究。向他们解释了研究的目的和数据收集程序。那些有兴趣参与这项研究的人会收到一份知情同意书的打印副本，交给他们的父母，描述这项研究。在家长交还签署的知情同意书之前，研究人员和学校校长回答了家长提出的任何问题。

数据收集与分析

数据收集基于参与式观察。开发该游戏的两位专业设计师在玩交互游戏的同时与孩子们互动。当孩子们对游戏有任何疑问时，他们会解释并促进游戏，帮助他们。每组 4 名儿童的每次游戏时间约为 60 分钟。视频和音频记录被用于数据收集，让设计师在玩游戏时能够充分关注儿童的语言和运动行为。

内容分析（Moraes, 1999）被用来分析视频和音频记录的抄本。我们采用了先验的理论类别（Gerdes、Lietz 和 Segal [2011] 的移情体验的组成部分），对他人情绪和行为的情感反应，与此类反应和对他人的看法相关的认知过程和有意识的决策以产生同理心的态度。

交互游戏设计框架

在设计专注于培养同理心的游戏时，设计建议"采用中性刺激"（准则 1）。这些游戏应该避免强化性别刻板印象，让孩子们自由表达自己。这意味着为游戏选择和使用物理和图形元素，因为亲社会游戏具有包容性并针对不同的用户（Humphries，2016）。"促进参与游戏动态"（准则 2）也很重要。可以通过活动的结构方式，例如令人愉悦的动态，即游戏价值（Gielen，2010）以及游戏的物理和图形组件（形状、颜色、材料、纹理等）来刺激儿童的参与。它被指示在游戏中"采用有趣和奇妙的主题"（准则 3）。它的主题可能是俏皮的、幻想的、引人入胜的和 / 或为其设计的儿童所熟知。游戏价值和对儿童想象的同理心需要显而易见（Gielen，2010）。孩子们能够在游戏过程中"接受角色"（准则 4）至关重要，因为角色的改变促进了同理心的认知过程，即灵活性（Gerdes, Lietz and Segal，2011；Decety and Jackson，2004；Decety and Moriguchi，2007）。物理和图形游戏元素通过使用感官提示帮助实现角色。这样的游戏应该"刺激孩子改变观点"（准则 5），在游戏中转换角色。作为之前的指导方针，它涉及心理灵活性（Gerdes, Lietz and Segal，2011；Decety and Jackson，2004；Decety and Moriguchi，2007），但它涉及游戏动态（例如，假装游戏）而不是设计的物质方面。"探索回应背后的原因"（准则 6）至关重要。需要了解偏好和情绪背后原因的游戏活动是首选，因为学习探索他人的原因是培养同理心的基础（Humphries，2016）。了解他人有助于培养心理灵活性（Gerdes, Lietz and Segal，2011；Decety and Jackson，2004；Decety and Moriguchi，2007）。建议"采用不同的复杂程度"（准则 7），游戏需要易于理解，但其活动应该挑战儿童。他们的理解因他们的形象和文化背景而异，因为他们关注他们的社会和情感发展（Milteer et al.，2012）以及他们的经历范围（Vygotsky，2009）。因此，活动需要包括所有孩子的个人资料，而不是排除一些玩家，同时挑战所有的人。在游戏中"促进关于情绪和感受的语言表达"至关重要（准则 8）。根据"探索反应背后的原因"的指导方针，游戏应该鼓励孩子谈论情绪，因为在游戏中表达情绪有助于培养同理心（Tonetto et al.，2020）。此类游戏"促进自我揭示"至关重要（准则 9），需要鼓励儿童报告他们自己和他们的经历，需要倾听他人并对他们表现出兴趣的活动有助于培养同理心。自我报告和自我启示也是如此（Tonetto et al.，2020）。最后，它被指出在游戏活动中"促进协作"（准则 10），因为它对于培养同理心至关重要（Humphries，2016）。该设计应激励玩家在竞争中保持合作（Tonetto et al., 2020）。

	设计准则	在交互游戏设计中的应用
A1	中性化设计	游戏的配色设计（主要是黄色和绿色）、内容和图像的设计都没有强化性别刻板印象
B2	通过游戏动态促进用户粘性	这个游戏是由成对的孩子玩的； 它分为不同的回合； 孩子扮演角色； 动态包括戏剧化； 获胜的一对将获得各自角色的护身符； 趣味性应用于所有游戏情境和材料中（活动、图片、有趣的帽子和人物的微缩模型）
C3	采用有趣的和奇妙的主题	游戏在孩子们熟悉的"世界"中进行（城市、森林、海滩、山脉和"梦幻世界"）； 奇幻元素存在于所有的世界中，尤其是奇幻世界（例如"花冰淇淋"和"圣诞老人"）
D4	采用角色	角色通过视觉线索（如帽子、护身符、卡片和微缩模型）进行象征
E5	鼓励孩子改变观点	这些角色的组合是基于从不同牌组中抽取的纸牌组合，这使得他们变得独特； 孩子们可以在每场戏中选择不同的角色，从而改变视角； 在最后一轮，每个孩子都有自己的视角（不是角色的视角）
F6	探索答案背后的原因	活动包括谈论预定的话题，探索人物反应背后的原因； 当孩子们进入最后一轮时，他们会报告自己答案的原因（而不是角色的原因）
G7	采用不同的复杂性级别	活动的复杂程度各不相同（例如从暗示某件事到探究复杂感觉的动机）； 卡片内容的复杂程度各不相同（例如从简单地猜"橙汁"到"星星做的果汁"）
H8	提倡用语言表达情绪和感受	其中一项活动要求谈论感受及其原因； 最后一轮的动态还包括对感受和动机的报告
I9	促进自我启示	最后一轮的动力围绕着自我启示展开
J10	促进合作	儿童只有通过与他人合作才能在游戏中进步； 这款游戏需要在动态占卜过程中进行合作； 每一对选择并分享一个精确的人物模型

表 3-13 设计准则及在交互游戏中的应用

交互游戏由三个部分组成：（1）一个包含五个世界题图的游戏界面；(2) 代表角色；(3) 卡片，每张代表不同的动作（发出声音、说出颜色并解释选择、说出感觉如何以及为什么会这样等）。游戏的目的是让两人在五个世界中前进并在其他玩家之前到达棋盘的中心以赢得他们角色的护身符。

游戏中卡片的使用旨在促进情感、动机和自我表露，因为孩子们只谈论卡片的内容，使游戏成为分享主观材料的"安全场所"。正如专家在研讨会上指出的那样，有自我披露的理由也有助于防止欺凌行为。以下部分报告了通过观察儿童与游戏互动而得出的分析结果。

为了评估游戏在多大程度上帮助儿童表达同理心，视频记录的内容被归类为同理心体验的三个组成部分之一：对他人情绪和行为的情感反应，与此类反应和对他人的看法相关的认知过程和有意识的决策以产生同理心的态度（Gerdes, Lietz and Segal, 2011）。应该强调的是，认知过程类别是指内部和难以观察的过程。因此，我们决定只关注观点采择，这可以通过观察儿童的行为来评估。经验子类别揭示了游戏的动态和元素如何参与移情表达。

在详细介绍游戏分析之前，我们在图 1 中总结了设计指南与理论类别和经验子类别的关系。线条较粗的地方，指南与经验子类别相关。

如图 3-22 所示，指南"设计性别中立的刺激"和"促进参与游戏动态"涵盖了所有经验子类别，因为它们与创建游戏重要性的动态和组件有关。游戏的动态和元素似乎有助于理解其他孩子的经历。参与者证明了当戴上角色的帽子、选择微缩模型并将它们在棋盘上移动时，他们能够改变彼此和不同角色的视角。

在其中一场比赛中，儿童 A（9 岁）选择了"花"这个角色并戴上帽子，一边说"我是一朵花！"一边热情地挥舞着手臂。此后，他称这顶帽子为他的"天然头发"。此外，儿童 B（8 岁）在用来自世界各地的卡片完成他的棋盘后说："啊！我喜欢所有这些东西。"表明他现在是熊，而这些卡片从那时起就与他的喜好有关。上面的例子表明，孩子们确实模仿了角色的特征。应该强调的是，他们的思维过程也表明他们可以按照这样的性格行事。儿童 C（9 岁）将棋盘上的熊的缩略图移动到世界"城市"时，宣称："进攻城市！"。这次演讲表明他理解熊是一种野生动物，他应该有相应的行为。 儿童 D（8 岁）跟随他在棋盘上的动作，移动花朵，并说："我的花会给这座城市带来芬芳！"，她的动作也与她的缩略图相符。

最后，共情态度是指有意识的决策。子类别基于 Del Prette（2005）提出的分类。一系列的表情和行为证明了他们中的每一个。在占卜、猜测感受和探索背后的原因以及玩游戏时，观察到倾听和表现出对他人的兴趣。提供帮助在戴帽子很常见，因为孩子们帮助他们的对手。当孩子们必须选择和分享他们在游戏中收集的角色的缩影和护身符时，观察到了"分享"。尊重差异和表达对他人经历和情绪的理解都在玩游戏时被观察到，因为玩家必须互相倾听和理解才能在游戏中前进。

理论类		实证子类
情感反应		在游戏开始时，与其他参与者一起戴帽子的动态允许分享快乐
		使一个模仿者在动态的占卜中得以分享喜悦。
		在动态的占卜中，命中或错过一张牌可以分享喜悦或 irr
		与微型模型一起在板上前进的动态允许分享快乐
认知过程		戴上角色帽子的动态可以改变视角
		用卡片填充角色板的动态允许改变视角。
		选择微缩模型的动态及其在板上的移动允许改变视角
移情的态度	倾听并表达对对方的兴趣	猜牌的动态鼓励孩子们互相关注
	提供帮助	戴帽子的动力让孩子们互相帮助
		占卜动态鼓励孩子们互相帮助
	分享	使用相同的微型协议和共享的动态
		护身符使理解分享成为可能
	尊重差异	动态设计让孩子表现出对差异的尊重
	理解他人感受	动态设计让孩子理解他人感受

图 3-22 理论类别和实证类别之间的关系

一般来说，即使游戏具有双人间的竞争性，儿童也能识别彼此的困难并有提供帮助的动力。例如，在其中一场比赛中，儿童C（9岁）和儿童D（8岁）帮助儿童E（11岁）猜出儿童F（9岁）的卡片。值得注意的是，移情态度在某种程度上意味着相关人员之间的情感分享，以及假设认知过程的组成部分的表现。可以得出结论，在比赛中观察到了所有的移情体验类别。

结论

培养同理心的游戏设计指南的定义是专家们的集体努力，他们将心理科学中可用的知识应用于设计。他们在交互游戏"我知道"游戏中的应用以及与孩子们一起收集的数据表明，都与理论类别（情感反应、认知过程和移情态度）有关，并且与激发学龄儿童的移情有关。一些指导方针似乎与三个理论类别有关（即滑稽和奇妙的主题、采用角色和协作）。其他人似乎特定于态度（即探索原因，具有不同的复杂程度、谈论情绪和感受以及表达自我启示）。只有一条指南似乎只与认知维度有关（即改变观点）。尽管这种分类对于研究目的是必要的，但应该强调的是，同理心是一种同时涵盖所有三个类别的社交技能，没有远离情感的行为和认知。移情既是一种自动反应，也是对调节人类行为的社会情境的一种解释。

在玩游戏时，孩子们表现出被理解为移情的行为，这表明移情处于他们的近端发展区，因此正在成熟并且可以被激发（Vygotsky, 2007）。他们还发现建议谈论情绪和感受的动力存在困难，探索他们的原因，发现很难表达他们对卡片的感受。在某些情况下，即使他们知道如何命名一种情绪，他们也无法解释其原因。这种困难强化了在童年时期探索和激发同理心的重要性。除了理解情绪背后的动机并谈论它们之外，同理心的练习还假设孩子们能够理解其他孩子的动机。由于他们的大脑具有很高的可塑性，如果这些刺激经常重复，他们往往会学习它们（Vygotsky, 2009）。除了游戏"我知道"之外，还可以开发和测试基于指南的不同设计方法，以了解游戏设计如何帮助这些过程以及从该练习中出现的行为。

值得注意的是，缺乏旨在了解游戏如何影响儿童社交技能发展的研究。正如

Frost、Wortham 和 Reifel (2011) 等作者所指出的那样，设计师可以激发特定的社交技能，例如同理心，而不是仅仅复制可销售的公式。需要进一步的研究来巩固关于游戏如何激发同理心的知识。

可以强调本研究的一些局限性。首先，通过观察孩子与游戏互动的语言和行为来识别移情行为。因此，很明显，一些移情体验成分无法直接观察到。对于 Gerdes、Lietz 和 Segal（2011 年）而言，这些成分指的是同理心与心理灵活性的认知过程，即自我意识和调节过程。作者指出，移情体验不是线性发生的。因此，本研究中观察到的行为在多大程度上包含了所有移情成分是值得怀疑的。其次，由于这项研究的重点是学龄初期，因此需要对该主题进行纵向研究。当观察不同年龄组的移情行为时，就有可能了解设计如何有助于在整个童年时期培养这种基本的社交技能。最后，设计游戏引发了设计者对儿童社会和情感发展的责任的本质反思。除了理论和方法论的贡献外，本文还重点介绍了交互游戏设计专业实践的新兴路径，提出的动态和指导方针也可以激发不同环境下的游戏活动设计。

第四章 儿童交互体验设计领域的研究趋势

　　本章节展示了交互设计和儿童相关文献研究的多样性。这种多样性来自多种因素。首先是研究人员来自多个领域：计算机、教育、心理学、艺术与设计、工程等。来自不同的研究传统的研究人员使用不同的理论和基于不同标准的价值研究来进行研究。有些人会致力于新技术，即使它们对儿童发展的影响尚不清楚，而另一些人则更喜欢以理论和对照实验为基础的定量研究。一些研究人员将开发技术以产生可衡量的发展目标，另一些人主要关注通过技术实现新体验。有些人会与孩子一起作为设计合作伙伴，其他人则认为坚持完善的教育理论会更好。有些人会寻求为孩子们设计新的方式来获得基本技能，而另一些人则会专注于为孩子们提供表达自己的新方式。一些人专注于生产技术，另一些人则专注于新颖的交互、指南或设计和评估活动。虽然互联网使从世界其他地方获取研究材料变得更加容易，但地理多样性仍然带来不同的方法，因为研究人员经历了不同的教育系统，甚至可能从不同的角度看待童年。

　　与其他研究领域相比，交互设计与儿童发展研究是一个年轻的领域，但它有几十年的坚实的基础，也存在许多挑战。虽然我们不希望儿童花更多时间在电子设备上，但是作为设计师和研究人员，我们的目标应该是通过设计更好的界面、体验、内容与工具来提高儿童应用程序的质量。

第一节　支持创造力的发展和解决问题的能力

儿童心理发展学的奠基人皮亚杰提出的建构主义学习理论思想支持儿童通过体验世界来学习，这些理论产生了大量旨在利用数字技术支持儿童创造力和解决问题的研究项目。相关研究可以追溯到 20 世纪 80 年代麻省理工学院针对儿童计算机编程的研究。1968 年，皮亚杰的同事，麻省理工学院人工智能实验室创办人之一的西摩尔·佩普特（Seymour Papert）从 LISP 语言的基础里创立了徽标编程语言（Logo 程序语言）。Logo 语言是有史以来第一个专门为儿童设计的编程语言。在计算机极其复杂的年代，Logo 语言把编程简化到了极致，易于学习和记住。Papert 提出儿童编程最重要的不是学习所谓的知识，而是通过编程来改变思维模式。微世界（MicroWorlds EX）是基于 Logo 程序语言的设计，设计展示出比旧版更直观的界面，儿童可以通过向图像添加文字来控制图像。Microworlds Jr 是针对无法阅读的幼儿编码的衍生产品教学。

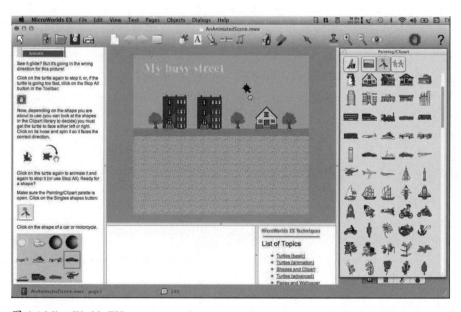

图 4-1 MicroWorlds EX

多年来，研究重点已经从基于文本的编程环境转向可视化编程。儿童编程教育的主要目的是通过编程孩子们可以学习数学和逻辑概念。秉承着这样的理念，在 Seymour Papert 创造了 Logo 语言的 40 年后，2007 年，Seymour Papert 的博士生 Mitch，创立了 Scratch。官方网址是麻省理工学院网站的一个分支，这个软件的开发团队称为"终身幼儿园团队"（Lifelong Kindergarten Group）。Scratch 是一款由麻省理工学院（MIT）设计开发的少儿编程工具。其特点是：使用者可以不认识英文单词，也可以不会使用键盘，构成程序的命令和参数通过积木形状的模块来实现，用鼠标拖动模块到程序编辑栏就可以实现操作。其他类似的儿童编程工具还包括在玩游戏时学习编程的 ToonTalk，研究人员发现儿童编程的启蒙学习取得了积极成果，并建议学生以小组的形式学习编程以减少教师干预的需要，并建议他们制定自己的目标以增加动力。

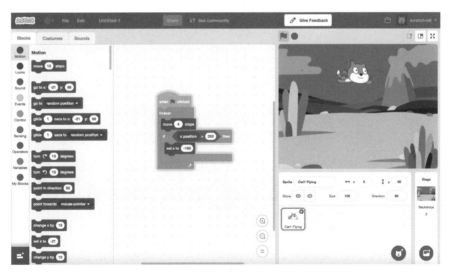

图 4-2 Scratch

21 世纪早期许多研究工作都集中在使用有形物体进行编程。一个例子是 McNerney（2004）在有形编程积木上的工作。例如有形编程积木使儿童能够创建通用结构的模拟，这些操作背后的基本原理是为儿童提供在象征层面与动态行为互动的能力。通常，电子模块包括传感器、执行器和逻辑模块，它们可以组合在一起创建简单的程序，这些程序可以作为儿童创造的游戏工件的一部分，例如车辆和机器人。

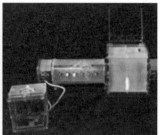

图 4-3 FlowBlocks 和 SystemBlocks

图 4-4

　　来自 MIT media lab 的 Topobo 是一种具有运动记忆的构造工具包。借助 Topobo，孩子们可以组装骨骼类型的结构，然后可以进行物理变形。八年级的孩子能够使用 Topobo 开发移动结构。在后续工作中，Raffle 等人（2007）添加了能够通过有形设备控制行为的组件，并修改了游戏控制器，扩展了 Topobo 的"记录和播放"功能，以实现记录、采样、排序和执行。

在支持物理计算的介绍性编程环境（例如 MakeCode 或 Scratch）中，感知能力可能会受到表达能力的限制。通常，用户可能只能从一组固定的预先设计的默认值中进行选择，例如，用户只能从 Scratch micro:bit 扩展中的移动、摇晃或跳跃手势中进行选择。儿童融入高级感官输入（例如语音或手势）的机会有限，这有可能极大地扩展制作个人有意义的项目的创造潜力。因此，近年来，支持创造力的工作包括 Tseng 等人的工作（2021）开发了一种让儿童使用嵌入传感器的毛绒玩具来控制虚拟角色的方法——

图 4-5 Topobo

操纵玩具将反过来控制屏幕上的虚拟角色。这种基于 Web 的儿童设计工具，可让毛绒玩具与机器学习互动。借助玩具，孩子们可以将 micro:bit 硬件安装到毛绒玩具上，为他们的玩具设计自定义手势，并构建手势识别机器学习模型来触发他们自己的声音。研究描述了在讲故事的背景下，毛绒玩具如何在机器学习中引入核心概念，包括数据采样和模型评估。在这些游戏环节中，观察了孩子们如何想象使用机器学习让他们的玩具栩栩如生，以及孩子们的数据素养如何因试验传感器、数据采样和构建自己的机器模型而发生变化。

AquaMOOSE 是使用 3D 环境教授数学概念的软件示例。在 AquaMOOSE 项目中，3D 图形技术与建构主义学习理念相结合，创造了一个学生可以创造性地探索新数学概念的环境。AquaMOOSE 社会技术系统是使用迭代设计过程开发的。进行了三项正式研究以评估该系统的有效性，以及几项较小规模的评估。第一项研究是在为期 6 周的暑期课程中进行的，学生们可以在空闲时间使用

AquaMOOSE 系统。第二项研究在当地一所高中的对照班级研究的背景下探讨了不同的学习问题，其中一个部分使用标准课程材料学习极坐标，而同等部分使用专门围绕 AquaMOOSE 系统设计的课程学习相同的材料。AquaMOOSE 系统的最终研究是在当地一所高中为期 8 周的课后计划中进行的，该计划探索了结构与创意自由之间的平衡。来自这个过程的证据被用来暗示使用数字技术和建构主义哲学来教授复杂的数学内容的意义。所提出的调查结果解决了将建构主义学习环境用于复杂内容的问题以及将数字技术用于教育系统的权衡。

图 4-6 AquaMOOSE 3D ：以艺术表达为动力的数学学习的建构主义方法

支持故事讲述的能力也是儿童数字产品支持创造力发展的设计主题。讲故事作为一种传达和保存信息的方式在人类的发展过程中发挥了重要作用。如果将一个事实放在一个故事中，比将它们放在一个列表中更容易让人记住。讲故事也有助于孩子发展沟通技巧。通过允许存储以及复制、共享和编辑故事的能力，数字技术可以在讲故事方面发挥积极作用，可以提供创建非传统形式的方法，例如非线性故事。Vincent（2001）的一项研究发现，通常难以通过写作表达自己的 10

岁和 11 岁视觉学习者在将其与 MicroWorlds 中编程的视觉显示相结合时提高了写作的数量和复杂性。一些电脑游戏允许用户编写自己的角色、设置和情节，通过构建电脑游戏来研究儿童的故事讲述，12—15 岁的孩子们因能够设计自己的游戏角色和故事情节而受到极大的激励。项目使用专门的硬件来支持小学生的协作讲故事活动，强调使用有形元素讲故事、儿童的积极和身体参与，以及物理世界和数字世界元素的桥梁。其他研究方向集中在设计有助于讲故事活动的创新设备。Labrune 和 Mackay（2015）为 Tangicam 设计了原型，这是一种为儿童设计的移动设备，用于捕捉图片和视频，然后使用它们来组合叙事，然后他们在 SketchCam 上进行了扩展，为正在进行的关于如何将数字技术整合到正规教育系统中的辩论做出了贡献。Rubegni 和 Landoni（2014）在一项持续四年的纵向研究中，调查了移动技术如何支持学校课程定义的教育活动。在学校课程包含的主题中，开发了专注于文学领域的数字讲故事应用程序。该应用程序是在两所小学设计和评估的。研究结果表明，该应用程序对课程制定产生了积极影响，并有效地支持了相关的教育活动。数字讲故事应用程序在激发儿童对故事情节和人物的讨论方面非常有效，不仅支持儿童发挥创造力，还支持他们组织工作和探索数字媒体机会。这导致新技能的发展和以前获得的知识的更好基础，同时教师也有机会扩展他们的教学技能。讲故事也被认为是交流从大量不断积累的数据中收集的信息和知识的有效且重要的方法。在 Berendsen 和同事的研究（2018）中，新闻和地理视觉分析中数据驱动的故事讲述实践促进了地理视觉故事的发展。以学生为中心的多主题地图集和数字讲故事方法在教育中的优势也可以在故事地图中实现。研究中美国学生地图集原始纸质版本的在线交互式版本是使用故事地图技术开发的。对数据驱动的故事讲述和网络地图交互的最佳实践的研究被用来告知地图集从传统纸质格式到故事地图集的转变。学生和教育工作者在使用故事地图后对调查做出了回应。调查结果显示出对地图集故事地图的积极回应，包括易用性。

第二节　支持协作和社交沟通能力的发展

儿童发展的社会文化理论促使研究人员寻找鼓励儿童促进协作的方法，面临的挑战是摆脱每台计算机一个用户的范式，也就是单一输入设备。该领域的研究工作已经从使用多种输入设备增强用户协作能力的发展。Inkpen（2003）是最早研究使用多种输入设备来支持儿童协作的人之一，研究发现，儿童在数字环境中的合作类似于纸质活动中的合作，还强调了在决定如何支持协作时考虑活动目标的必要性（例如共享鼠标和显示器、仅共享显示器或仅共享鼠标）。阿内特等人（2007）观察到5—7岁的儿童成对使用两只鼠标，共享一个显示器，被要求一起创造故事。当使用两只鼠标时，混合性别和全男性组对被认为比使用一只鼠标创造了更好的故事。德鲁因等人（2012）探索了儿童各自拥有自己的输入设备但共享显示器的方式在数字图书馆应用程序中导航的使用。在一种称为"确认协作"的情况下，两个孩子必须就导航的位置达成一致。确认协作导致共享目标、更少的对话、更专注于用户界面，并更好地关注7岁儿童的任务。帕尔等人（2018）认为，鉴于学校每个孩子可用的计算机数量很少，发展中国家需要支持多个孩子与一台计算机进行交互。他们用关于儿童如果不直接与软件交互所面临的学习劣势的数据来支持这一假设。辛格帕瓦尔等人（2020）通过进行实验来跟踪这项工作，以了解当儿童可以使用多只鼠标时共享一个显示器所获得的优势。该实验比较了四种不同的教育软件使用方式：一机一鼠标、多用户单鼠标、多用户多鼠标独立、多用户多鼠标确认。在独立模式下，第一次点击决定了软件中的导航，而在确认模式下，所有孩子都必须同意。多用户条件有五个孩子共用一台电脑。学习成果的前后测试表明，处于确认模式的孩子与不需要共用电脑的孩子一样好。

在使用手持设备的研究中，Cole 和 Stanton（2012）制定了在协作活动中使用移动设备的指南。他们发现共享小型显示器很困难，因此建议仅在活动的特定点共享信息。同样，他们建议组织活动以支持紧密和松散耦合的协作，并确保从另一个孩子的身体动作中可以看到他们目前正在做的事情。Borovoy 等人（2017）研究了可以在手持设备之间传递的具有类似游戏品质的软件对象的创建。称为 i-ball 的对象必须在台式计算机上创建，但随后可以在手持设备之间共享。马克拉等人（2019）进行了一项关于使用移动设备捕获的图像来帮助儿童交流的研究。在这项研究中，年龄从 8 岁到 15 岁不等的儿童使用图像来创作故事、表达情感和创作艺术。孩子们也表达了对图像注释的兴趣，还使用有形的用户界面进行了一些工作。

Hope Currin 及其同事（2021）研究基于维果茨基式的幼儿教育方法的社会戏剧游戏，发现技术支持的一个特定方面，即语音代理，在将害羞的儿童融入社会戏剧游戏中发挥了至关重要的作用。虽然主要是青少年和年轻人在使用，但社交网站和在线社区也适用于 13 岁以下的儿童，并且非常受欢迎。这些在线社区让孩子们能够创建一个他们可以用来探索虚拟世界的头像。虚拟世界的活动包括游戏以及与其他孩子聊天的。在虚拟世界中，孩子们可以为他们的化身获得配件或购买升级。为了提高孩子的安全性，家长可以将聊天限制在预设的短语内，或者可以允许孩子在包含过滤器的区域聊天，以避免泄露个人信息以及使用粗俗语言。鉴于这些网站的受欢迎程度，显然需要进行研究以了解儿童如何理解这些虚拟世界中发生的事情以及他们如何改变自己的行为。这些网站在很大程度上是为了刺激消费，通过奖励收集和获取无法与他人共享的物品来提高个人在虚拟社会中的地位。此外，这些网站使孩子们能够发展在线友谊，并根据聊天设置向他人敞开心扉并表达他们的感受。这似乎是一把双刃剑，一方面让儿童能够表达自己并谈论可能难以当面谈论的感受，同时可能会妨碍现实世界的人际关系。这些虚拟世界的另一个方面是，孩子们可以在进行其他活动（例如玩游戏）时进行聊天或即时消息传递。这种类型的多任务处理对前几代人来说是不可用的，并且可能对儿童的多任务能力以及他们集中注意力的能力产生影响；这反过来又会对儿童的学习方式产生影响。社交媒体为世界各地的儿童相互交流、分享创意和游戏体验提供了很好的平台。例如，儿童应当被允许进入社交网络并体验"乐高生活"（LEGO ® Life），这是一个专为儿童和青少年设计的安全社交平台，鼓励他们与世界各地成千上万的儿童共同创造和分享他们的故事和作品。该平台旨在成为儿童最早的数字社交体验，手把手地向用户介绍社交网络的一些核心概念。在促进祖父母和孙子女交流方面，分开居住的祖父母和孙子女通常依靠通信技术，例如视频会议和电话来维持关系。Wallbaum 等人（2018）开发了有形设备 StoryBox，可以分享日常生活中的照片和录音，提供有关如何简化不同代际之间的沟通、让他们参与分享活动以及加强家庭关系的见解。随后，对四个家庭进行了长达四个星期的实地研究，发现孩子们以一种嬉戏和特殊的方式交流，祖父母分享过去的家庭记忆，易于访问、简单，并有助于弥合祖孙辈之间的技术鸿沟。

我们鼓励父母与自己的孩子共同分享数字体验，关注他们喜欢的应用，讨论数字保护并作出安全承诺，例如安全、冷静、尊重他人、享受乐趣。因此，当我们展望未来的时候，重要的是把握适度的平衡，即保护与赋权之间的平衡。这种平衡既能让儿童和家长保持自主游戏和快乐玩耍的信心，同时避免可能导致儿童远离安全网络空间的干扰力。这种平衡尊重儿童的隐私权和家长同意的重要性，同时承认数字产品体验可以帮助儿童培养 21 世纪的重要技能。

第三节　与智能角色互动与从虚拟现实模拟中学习

计算机可以为孩子们提供其他方式无法获得的学习机会，将他们带到他们原本无法体验的地方和情境。虚拟现实已被用于创建学习环境，例如可以使用虚拟环境来教孩子们关于物理空间的知识，并发现通过带有触觉反馈的有形用户界面控制化身比鼠标或光标控制效果更好。Parsons（2016）的研究在使用虚拟环境的基于课堂的模拟上，相反，模拟会在时间和空间上进行缩放，以适应教室及其活动。这些被称为嵌入式现象的模拟通过为儿童提供显示器来监控现象而发挥作用。模拟连续运行数周或数月，使孩子们能够在方便的环境中监控事件并进行科学探究。也有在儿童游乐场模拟远距离环境的工作，Rogers（2017）使用掌上电脑开发了一款模拟非洲大草原环境和动物的游戏，以教孩子们野生狮子的行为。

在这个模拟中，孩子们扮演狮子的角色，为了生存必须共同努力。大草原环境被映射到学校操场上，每个孩子都携带一台支持 GPS 的掌上电脑，为孩子们提供他们在给定位置做什么的选项。

今天的儿童以智能玩具和计算策划的教育和娱乐内容的形式遇到人工智能。Williams 及其同事（2019）开发了 PopBots，旨在帮助幼儿通过构建、编程、培训和与社交机器人互动来了解人工智能。现有的计算思维平台让年轻的学习者可以接触到排序和条件等想法，PopBots 是通过将建构主义思想融入人工智能课程来满足 4—7 岁儿童的特定学习需求。研究发现，使用社交机器人作为学习伙伴和可编程神器可以有效帮助幼儿掌握人工智能概念，还确定了对学生学习影响最大的教学方法。在儿童机器人协作中，机器人可能无法完成任务的一部分，在这种情况下，机器人要依靠孩子来恢复。Kocher 等人（2020）研究了非人形机器人如何仅使用其运动路径来请求儿童合作者的帮助。在这项研究中，发现非人形机器人的自主运动引发了 59% 儿童的亲社会行为，尽管机器人的能力和形式有限，但年幼的孩子愿意将机器人作为有生命的伙伴参与其中。这一发现对旨在鼓励不同年龄儿童的亲社会行为的机器人设计具有重要意义。

通过使用智能角色与计算机交互，这些设计将计算机呈现为具有类人特征。使用这种交互方式的支持者声称，这种设计可以激励孩子，使计算机更人性化，增加参与度，减少焦虑和沮丧。在使用这些智能角色与儿童的互动时，通常以"教学代理"的形式出现，为通过角色学习提供社会维度。假设是计算机代替实际的导师，这是一个非常危险的假设，因为它很容易为孩子们提供借口，让他们不与人进行实际的面对面互动。总的来说，这项工作背后的理念不是使用计算机作为工具来增强孩子表达想法、进行查询和创造感兴趣的项目的潜力，而是使用计算机来取代人类在儿童生活中所扮演的角色。人工智能对社会的影响越来越普遍。在开发创新教育计划的同时，如何构建对人工智能核心思想的理解和实践，或者什么概念最适合什么年龄段，目前还知之甚少。Greenwald 及同事（2019）的研究阐明了年轻学生在遇到人工智能概念时能够应用的背景知识和经验的范围是什么：哪些概念最容易理解，哪些概念更具挑战性，对人工智能问题有哪些误解，以及如何通过利用相关概念（例如数学和计算思维）来帮助学生理解概念。

Druga 及同事（2019）观察了来自四个不同国家（美国、德国、丹麦和瑞典）的 102 名儿童（7—12 岁）如何想象设计未来的智能设备和玩具，以及他们如何看待当前的人工智能技术。儿童在描述他们对人工智能的看法和期望时的合作和交流方式受到他们的社会经济和文化背景的影响。与来自社会经济地位较高阶层的儿童相比，较低和中等阶层的儿童在协作方面表现更好，但由于他们在编码和与这些技术交互方面的经验较少，因此更难取得进步。社会经济地位较高阶层的孩子最初在合作方面遇到困难，但对 AI 概念的理解更加深刻。他们的研究提出了一系列指导方针，用于为学生设计未来使用智能玩具和人工智能设备的动手学习活动。研究还表明，一些关于代理人的假设没有经验证据支持。Chiasson 和 Gutwin（2012）进行的一项研究表明，尽管通过文本显示出社会特征的用户界面，但不会影响儿童看待计算机的方式、他们对自己的感受、他们对计算机作为伙伴的感知、他们感知到的相似性用电脑还是自己对电脑的信心和信任。虽然 21 世纪早期的研究，例如 Gulz（2005）通过一项研究和文献回顾提出警示，使用虚拟教学角色并不一定会提高儿童的积极性和参与度。该研究的结果表明，一些孩子喜欢这些角色，而另一些孩子则发现智能角色妨碍了他们。Oviatt 等人发现了智能角色代理的一个积极方面：当孩子们与动画代理交谈时，他们会调整自己的语言以更接近代理的语言。这可用于帮助将儿童的语音保持在处理能力的范围内。另一个开始出现智能或类人角色的领域是机器人。Metatla 及同事（2020）的研究探讨了儿童设计师如何为减少一些同龄人可能经历的边缘化的技术提供设计理念的问题。这一研究引入了扩展代理设计的理念，它超越了设计中"代理人"的概念，以指导孩子们思考与他们自己的经历有一定距离的群体的设计理念的方法。伍兹（2013）进行了一项研究，以了解 9—11 岁儿童对机器人视觉设计的反应，她发现孩子们对与人类相似但仍然可以与人类区分开来的机器人有非常消极的看法，孩子们更喜欢人类和机器类视觉特征的混合。稍有不同的是，Ackermann（2015）调查了玩具可能被认为具有动画或智能的不同方式。她认为这类成功的玩具具有被认为是人造的（即非活的）、在存在方式和行为方式上一致以及能够在保持自身特征的同时进行对话的能力。 Ackermann 认为这些玩具可以让孩子们在不受伤或受伤的情况下探索各种互动，了解个性，以及让某事或某人做某事的限制和替代方式。

第四节　支持有特殊需求的儿童

过去几年的一个令人鼓舞的研究趋势是为有特殊需要的儿童设计，这些技术中的大多数旨在帮助儿童的发展和教育。

1. 视力障碍儿童

有视力障碍的人在学习过程中面临重大挑战，尤其是处于这一过程早期阶段的儿童。在过去的几十年里，已经开发了不同的辅助技术来支持有视力障碍的人与计算机交互。早期的研究包含 McElligott 和 Van Leeuwen（2004）与盲童合作设计了结合触觉和音频交互的工具和玩具。他们遵循为儿童的能力而设计的理念，而不是围绕他们的残疾进行设计。随着数字技术的发展，一些研究取得了特别积极的成果。Jaime Sanchez 和他的研究小组（2009）对视力障碍儿童的教育技术进行了大量研究。为 6—15 岁的视觉障碍儿童设计和开发了基于音频的学习环境，这些环境旨在培养工作记忆和数学技能。Lozano 及同事（2018）提出了一种基于有形用户界面的新颖系统，为视障儿童提供一种学习基本概念的新方法。该系统实施了一个基于音频的游戏，通过该游戏引导和激励儿童进行不同的活动，这些活动旨在通过识别物理上可用的物体来学习基本概念，儿童必须用手抓住这些物体才能与系统交互。Sanchez 和 Saenz（2020）进行了类似的工作，在解决与地理和文化相关的问题的背景下添加了三维声音。这是基于早期使用三维声音体验互动故事的工作。其他研究人员也遵循了类似的策略。Islam 等人（2020）为视觉障碍儿童设计和开发了一款游戏，该游戏使用现成游戏手柄的触觉反馈。该游戏旨在帮助儿童完成记忆任务。Abu Talib 及同事（2020）的研究讨论了为视障儿童设计智能协作学习环境系统原型的设计过程，以帮助加速他们的社会学习曲线，巧合的是，这也将有助于教育有视力的儿童对他们的行为有更多的同理心，通过改善这些群体之间的互动、理解和沟通来消除身体限制。通过使用触觉和声音刺激，这两个群体的共同现实元素作为用户体验设计的基本要素，在具有不同身体偏好的用户群体之间实现共同的多感官用户体验。这种有趣的合作可以促进同龄人之间积极的社交互动，帮助视障儿童在早期发展社交技能，并提高两个群体的社交能力。Koushik 及同事（2019）发现大多数基于块的编程语言都是高度可视化的，这使得盲人和视障学生无法使用它们。为了解决基于块的语言的不可访问性，他们设计了一种有形的基于块的游戏，使视障学生能够通过创建音频故事来学习基本的编程概念。用户的反馈为未来开发可访问的、有形的编程工具提供了见解。

2. 听力和语言障碍儿童

近年来，针对患有语言障碍的儿童的移动健康应用程序呈指数级增长。健康专家和家庭面临的挑战是了解如何找到对治疗有益的高质量应用程序。针对语言障碍儿童的技术研究采用了人工智能技术，孩子们认为他们是直接与计算机交互，研究人员正致力于解读他们的行为并与计算机交互。Fordington 等人（2020）设计和评估 Hear Glue Ear 移动应用程序的可接受性和可用性，以指导家庭并支持患有积液性中耳炎儿童的言语和语言发展。评估应用程序基于游戏的听力测试的有效性，以估计听力学预约之间的听力水平变化。该评估检查了 60 名在剑桥社区听力学诊所就诊的 2—8 岁患有和不患有积液性中耳炎的儿童，将应用程序听力测试中儿童的表现与他们在诊所获得的纯音平均值 (PTA) 进行比较。研究结果显示儿童、护理人员和临床医生可以接受 Hear Glue Ear。该应用程序的听力测试提供了对波动的听力水平的有效估计，可提供可信信息和支持发展。

美国 Georgia Tech University 将一款学习美国手语的游戏进一步开发为

CopyCat，开发了手语游戏帮助听障儿童在重要的语言发展阶段学习手语，显示出令人鼓舞的单词识别准确度水平。在游戏发展的过程中，手势互动扩展了聋人教育科技的更多可能性，让孩童们可以用自己熟悉的手语跟电脑进行互动。该游戏最早的目的，是要诱发原本只习惯使用一到两种手势表达语句的孩童能表达更多的语句，在学习运用复杂手势的过程之中，也增进了孩童的短期记忆，目前每个游戏关卡提供了 8 个语句，每个关卡中孩童们必须表达出所有语句的正确手势才能够移动到下一关卡（如图 4-7 所示）。

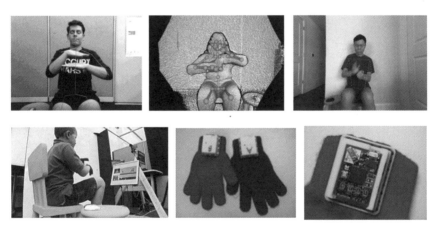

图 4-7 CopyCat

3. 自闭症儿童

在过去的几年里，研究人员开始关注针对自闭症儿童的技术研究。会话代理通过语音和文本界面，以自然语言进行交流的能力为帮助患有自闭症谱系障碍的儿童发展他们的社交沟通技巧提供了机会。在 Gagan 等人（2022）的研究中描述了一种对话代理设计，它解释社交情况以帮助引导孩子理解何时使用适合社交的行为。当从儿童的输入中检测到负面情绪时，用于情绪调节的呼吸练习功能将被激活。通过包括相关的社交故事主题、制定开放域对话流程、结合适当和有指导的情绪调节练习以及使用生动的视觉用户界面来促进更好的互动。MEDIATE 是一个为低功能自闭症儿童开发的互动环境，这是一个智能的、身临其境的、多感官的互动空间，专为患有严重自闭症的儿童而设计。通过视觉、听觉和触觉互动，MEDIATE 希望通过孩子自己的身体动作，让孩子有机会在一个可预测、可控和安全的空间中享受乐趣、玩耍、探索和创造。互动环境对独特的用户做出反应，并允许该用户创建他们自己的感官体验的表达——可以重播并与他人交流的创作。该环境通过由识别独特的个体用户特征的模式匹配软件控制和修改的界面与个体自闭症儿童进行交互。Carlier 等人 (2020) 开发了帮助自闭症儿童专注于特定任务的软件。通过研究凝视和面部方向，它可以模拟孩子们的注意力，并可以根据这些信息对刺激进行调整。该系统对儿童的话语、动作和手势作出反应，并通过声音、振动和视觉作出反应。因此，它旨在鼓励儿童可以表达自己的非重复性活动。而虚拟现实和增强现实（VR 和 AR）也有望补充从业者对自闭症儿童的干预，但它们主要针对低支持需求儿童的社会情感能力。对于有高支持需求的自闭症儿童，建议使用 AR 头戴设备进行基于感官和调解的方法，以与他们熟悉的环境和真正的从业者保持联系，而 VR 则存在孤立的风险。Bauer 等人（2022）研究了使用带有 Magic Bubbles 的 AR 耳机为具有高支持需求的自闭症儿童设计的多感官环境的可能性，可以让自闭症儿童放心，同时加强与医护人员的二元关系。11 名医护人员和 10 名患有神经发育障碍和相关智力障碍的儿童进行了可接受性和可用性测试，结果证实了这些孩子的积极可接受性和可用性，以及有关在临床环境中使用 AR 的未来方向。治疗师操作的机器人可以在帮助自闭症儿童练习和获得社交技能方面发挥独特的影响力。虽然人机交互领域的广泛研究主要集中在机器人的远程操作界面上，但在治疗自闭症儿童的背景下，机器人远程操作界面设计方面的工作很少。虽然临床研究表明机器人可以对自闭症儿童产生积极影响，但大部分研究都是在受控环境中进行的，人们对这些机器人在实践中的使用方式知之甚少。Elbeleidy 等人（2021）的研究分析治疗师远程操作机器人的档案数据，作为他们常规治疗的一部分，以确定治疗师使用远程操作界面的常见主题和困难，以及提供设计建议以改善治疗师的整体体验。通过遵循这些建议将有助于在使用社交辅助机器人技术时最大限度地提高自闭症儿童的治疗效果，并扩大机器人在该领域的部署规模。

图 4-8 "mediation" 是为自闭症儿童提供的多感官互动环境

4 . 住院儿童

　　儿童在压力和不舒服的情况下，例如在医院，也需要帮助，设计考虑到许多年幼的患者在医院的环境中紧张、害怕，并且在社会情感上很脆弱，住院儿童受到多种负面刺激，可能会阻碍他们的发展和社会交往。游戏技术和机器人设计被认为可以改善儿童在医院的体验，交互设计提供了一种良性的干预策略。最常见的方法是使用计算机或基于监视器的视频控制台设计单用户游戏，这可以为儿童进行静脉穿刺等手术时分离注意力或为患有慢性、神经系统及创伤性疾病的儿童提高身体康复的动力。机器人通常可以与儿童进行有趣的互动，并在儿科护理环境中为他们提供社会情感支持。与治疗儿童情感有关的机器人设计通常具有可爱和毛茸茸的外观，以传达友好的感觉，并且可以执行快速流畅的动作。大多数机器人使用智能手机设备来发挥其计算能力和内部传感器。机器人的触觉传感器感知物理触摸，可以以有意义的方式使用信息。模块化臂组件可轻松更换传感器，并提高机器人在各种儿科护理服务中的可用性。例如，Lu 等人（2011）设计了交互式机器人 mediRobbi，帮助儿科患者在医院就诊时感到更加放松和舒适。机器人可以指导和陪伴儿科患者完成他们的医疗程序，传感器和伺服电机使其能够响应其环境输入以及幼儿的反应。这项研究的最终目标是将令人生畏的医疗状况转变为儿科患者的欢乐冒险游戏。2020 年卡尔加里大学和阿尔伯塔卫生服务部合作，在阿尔伯塔儿童医院的血液肿瘤学和造血干细胞移植单位设计实施了一个带有传感器嵌入式酒精搓手液分配器的项目医院。物联网 (IoT) 传感器安装在设备上的 ABHR 分配器中，使用数据使用 MQTT 消息传递协议传输到本地服务器。实时数据可视化呈现在护理站旁边的中央显示屏上，展示了 11 个独特的儿科主题，包括交通工具和动物，用以提高手部卫生并减少儿科环境中的感染。实验数据表明，交互设计可以提高手部清洁频率，并有望成为提高卫生意识教育的工具。交互设计为儿科住院环境中的工作人员、患者和家属提供了一种独特和可接受的医疗改进策略。在 Liszio 等人（2020）的研究中介绍了一款有趣的移动虚拟现实（VR）应用程序的概念、设计和评估，以减少 MRI 检查期间的焦虑和压力，该设计旨在帮助儿童熟悉医疗环境，以便他们可以毫无恐惧地进行检查，从而无需镇静剂。年轻患者了解该程序并训练在虚拟 MRI 扫描期间保持静止。29 名儿童在 MRI 检查前平均接受了超过 14 天的培训。参与者对 VR 体验印象深刻，并积极参与培训。他们报告了高度的沉浸感和积极的影响。训练期结束后，对即将进行的 MRI 检查的焦虑和负面情绪显著减少。

5 . 有运动、学习或多重障碍的儿童

Hornhof 和 Cavender（2005）开发了 EyeDraw，它通过眼动追踪技术使患有严重运动障碍的儿童能够用眼睛进行绘画。他们为这些类型的用户界面设计提出了一种多层方法，以使孩子们能够轻松地开始使用简单的功能，同时避免因拥有太多可用功能而感到沮丧。Lathan 和 Malley 报道了使用机器人帮助各种残疾儿童发展运动技能、言语和语言的系统设计。该机器人被设计成几乎可以通过身体的任何部位进行控制，甚至可以通过声音进行控制。 Ortega-Tudela 和 Gomez-Ariza（2012）使用多媒体工具向通常有学习和运动障碍的唐氏综合征儿童教授基本的数学概念，并发现与使用铅笔和纸进行类似任务相比，孩子们学得更好。布雷德罗德等人（2014）设计和开发了一个游戏，将 8—14 岁的有和没有身体和学习障碍的儿童聚集在一起。该设计面临的挑战是帮助残疾儿童在平等的基础上与他人竞争，该游戏还旨在将合作与竞争相结合，以增强参与和对话。其他研究包括 Sibert 等人的研究，他开发了一种使用眼睛注视来触发听觉提示的补救阅读指导系统。巴洛安等人研究了将现实世界体验映射到盲人和聋儿虚拟环境的技术的异同。Faisal 等人（2021）报道了玩具设计促进情绪健康的积极结果。包含影响儿童情绪调节的不同因素，通过讨论促进情绪调节的干预措施和方法，促进幼儿在父母参与下学习情绪调节技能。

Robinson 等人（2020）展示了一个共同设计数字技术的案例研究，该技术为有严重学习困难的儿童及其家人提供积极而有意义的体验。研究人员将方法故事和参与式评估相结合，捕捉一名受脑损伤影响的 7 岁男孩独立进行他喜欢的活动以及学习沟通技巧的过程。共同设计一个项目，这是一种交互式物理设备，由定制盒子、智能按钮和 Android 应用程序组成。评估表明，男孩对这项技术的投入度很高，这给了他更多的代理权，对他和他的直系亲属的生活产生了全面的积极影响。因此，通过这个研究概述了一种共同设计定制技术的方法，并介绍了一种交互方式，在这种交互方式中，具有严重学习困难的非语言儿童可以通过行动和共同关注来传达意义。这些发现为重新思考增强和替代通信系统的功能开辟了

新的空间，并为在此背景下的协同设计塑造了新的方向。

第五节　支持健康的生活方式

计算机和技术受到批评的一个领域是没有促进健康的行为，因此一些研究人员开始研究支持健康生活方式的技术。例如，有的研究人眼使用数字标记的食物来模拟蛀牙并帮助学龄前儿童了解刷牙的重要性。也有研究开发了一个物理交互环境来教孩子们日常生活中发现的有害物质，他们将环境与类似的桌面应用程序进行了比较，发现物理环境为儿童提供了一些质量优势。前后测试表明，孩子们在这两种环境中都了解了有害物质。Hoysniemi(2006) 通过一项国际调查，调查了玩家的游戏背景、游戏风格和技能、动机和用户体验因素、社会问题和舞蹈游戏的身体影响，以及参与舞蹈游戏相关活动。结果表明，交互游戏对玩家的社交生活和身体健康有积极影响，可以提高耐力、肌肉力量和节奏感，并创造可以找到新朋友的环境。玩流行舞蹈游戏的青少年更有动力去锻炼、减轻体重、提高肌肉力量、获得更好的节奏感、睡得更好，并改善他们的身体形象。

另一个疑问是移动应用程序能否鼓励孩子们花更多的时间在户外并促进他们与自然的联系？在华盛顿大学的一项研究中，Kawas 及同事（2020）展示了为期3周的实验性部署研究的结果，他们设计了一款允许用户构建、管理和共享自然照片集的移动应用程序。28 名儿童（9—12 岁）和他们的父母参与了这项研究；15 人使用该应用程序，13 人使用基本的照片应用程序。我们发现，与照片应用程序相比，该应用程序显著增加了孩子们在户外度过的时间。两组儿童都表示，他们对在大自然中度过时光感到快乐和兴奋。然而，应用程序组的孩子们报告说，在户外使用该应用程序的时间增加了他们对看到和拍摄的物种和植物类型的好奇心，孩子们还与他们的父母进行了基于自然的对话，甚至试图在网上查找有关他们观察到的植物和动物的信息。相比之下，基本照片应用组的孩子对他们在自然界中看到的事物并没有表现出这种程度的好奇心，他们拍摄的照片主要是由自然元素的审美品质驱动的。研究展示了积极的结果，应用程序促进和支持儿童与自然的联系。

第六节 总结与展望

总结以上研究，有三个领域尚未进行足够的研究，这对未来的研究提出了挑战：制定以经验为基础的指导方针、展示技术对发展的积极影响，以及赋予发展中国家和文化群体代表性不足的儿童权利。应对这些挑战将使交互设计和儿童领域变得更加成熟，并将帮助更广泛的儿童从数字领域的发展中获益。

制定基于经验的指南

第一个需要加强的领域是对儿童不断发展的认知、感知和运动能力以及这些能力如何影响儿童对技术的使用进行更多的基础研究。大多数交互设计工作都在人机交互中应用，目的是开发一种特定的技术。大多数时候，这些技术是基于经验、直觉和与儿童一起工作而设计的。Jensen 和 Skov 的（2015）回顾了 100 多篇与交互设计和儿童研究相关的论文，发现在交互设计和儿童领域也是如此。儿童能力的实验数据将是对这些交互设计成分的积极补充。这项工作对整个人机交互社区来说通常不是很有吸引力，因为它通常不涉及创新，并且可能不会为交互设计提供直接的指导或建议。然而，它对于人机交互和交互设计以及儿童作为成熟领域的发展至关重要。需要进行更多基础研究，以更深入地了解儿童与技术的互动以及制定指南。在与成人进行类似研究时，为儿童制定指南存在一些挑战。第一个挑战是儿童是一个不断在成长的研究对象，他们是快速学习者，并且在某一天适用的交互设计指南在几个月后可能不再适用。第二个挑战是试图制定指导方针的研究一致表明，儿童越小，他们的差异性越多。换句话说，两个 5 岁的孩子比两个 10 岁的孩子更可能在他们与软件交互的方式上表现出差异。关于哪些具体因素导致这种可变性并影响儿童与技术互动的方式的信息很少。我们不知道哪些经验、环境、背景、身体和认知因素在起作用。制定儿童指南的第三个挑战是，他们比成年人更有可能以与传统成人办公环境几乎没有相似之处的非结构化方式使用计算机。这是一个挑战，因为传统的输入设备性能和可用性研究是在类似于办公室环境的可用性实验室中进行的，安静且不会分散注意力。虽然这些研究可能会提供一些有用的信息，但重要的是开发新的方法来评估交互和制定指导方针，考虑到将要使用技术的实际环境，这可能经常涉及移动中的儿童、朋友，在嘈杂的环境中很容易分心。鉴于这些挑战，为儿童交互设计制定的指南需要考虑儿童随着年龄的增长而发生的变化、影响他们与技术交互方式的因素以及他们使用技术的环境。这样做需要结合很少使用的方法。一种方法是使用纵向研究。纵向研究对于了解随着年龄的增长，儿童在与技术的互动中发生的变化是必要的。通过对不同年龄的儿童进行横断面研究来了解这些变化是不可能的。研究这些变化将为与儿童使用输入设备的表现相关的因素提供有价值的信息。纵向研究可以提供信息，例如，在家中使用数字化产品或父母对数字产品的态度等因素与儿童成长过程中使用输入设备的表现之间的关系。了解这些因素和与技术的交互之间的关系反过来将为开发儿童软件提供有价值的工具，从而能够更好地描述儿童交互的指导方针，使儿童能够更明智地选择参与设计过程，并更好地了解儿童作为用户群体的多样性。缺乏对这些因素的理解可能会导致指南不一致，例如点击、移动交互与拖放交互。

赋权弱势儿童

另一个已经开展了一些工作但还需要更多工作的领域是使用技术来增强发展中国家和文化群体代表性不足的儿童的能力。有必要在社会、经济和文化领域扩大目标人群。也许在这一领域进行研究的最重要原因是发达国家和发展中国家儿童之间的数字鸿沟越来越大，在每个国家的不同社会经济领域也如此。这种日益扩大的差距可能会通过否认信息和计算机素养并阻止儿童获得更广泛的世界观来扩大差距。与这些人群合作通常会带来硬件和基础设施方面的挑战，遗憾的是，弱势儿童无法使用足够数量的计算机硬件。每个孩子一台笔记本电脑（The One Laptop Per Child -OLPC）项目[1]是试图找到解决这个问题的一个方法，目的是为发展中国家的儿童提供低成本的笔记本电脑。这些笔记本电脑通过使用很少的电力来应对基础设施挑战，提供一种手动为电池充电的方式，以及即使没有可用的互联网接入也能够与其他计算机通信的能力。这些挑战也带来了需要研究的人机交互设计问题。例如，应该如何设计软件，使其能够在不稳定的互联网连接和不一致的电力访问中正常工作？在某些情况下，可用的最佳硬件可能是手机，它在与它们交互的有限选项以及小屏幕方面带来了许多挑战。另一个挑战与用户界面的本地化有关。大多数处境不利的儿童来自不同的文化，在许多情况下，他们所讲的语言与大多数交互设计、儿童和人机交互研究人员所讲的语言不同。如果用户界面和内容不适应当地文化，它们可能会对技术及其使用的认知产生非常负面的影响。例如，在访问乌拉圭的一所学校时，每个孩子都收到了OLPC基金会的笔记本电脑，研究人员发现孩子们不喜欢音乐创作计划，因为他们无法创作符合当地流行节奏的音乐。本地化也具有挑战性，因为为了取得成功，设计师和研究人员需要与弱势儿童一起工作，最好使用参与式设计技术。文化障碍和最常见的语言障碍带来了挑战，同时可能会增加赋权问题，当成年人与孩子一起工作时，这些问题总是存在的。目前还不清楚发达国家开发的参与式设计技术是否能很好地适用于世界其他地区。该领域的早期结果表明，让当地利益相关者参与这些设计活动的重要性，以帮助开展活动及设计师与儿童之间的交流。如果当地人有开展参与式设计会议的经验，并且可以自己进行，就可以获得更好的结果。

积极的研究成果

最后，交互设计和儿童社区需要更好地证明社区的研究成果对儿童的生活产

1　Feliciano, D., López-Torres, L., &Santín, D. (2021). One Laptop per Child? Using Production Frontiers for Evaluating the Escuela 2.0 Program in Spain. Mathematics, 9(20), 2600.

生了可衡量的积极影响。在涉及使用计算机的教育发生任何重大革命和演变之前，展示积极成果是必要的一步。虽然研究有时会显示短期收益，但对正在开发的技术的长期影响的研究却很少。有多少研究跟踪儿童使用新技术至少一年，以了解该技术对他们生活的影响？缺乏此类研究通常与资金问题有关，但同时，这些研究类型可以带来更多资金并巩固该领域的声誉。在这些情况下，再次需要进行纵向研究。短期研究可以提供有关可用性和短期收益的信息，但只有纵向研究才能告诉我们，儿童技术是否对他们的生活产生了积极影响。对于某些用户界面方法（例如会话式用户界面）而言，依赖短期研究可能是危险的，这为新手提供了优势，但随着用户（包括儿童）变得更加熟练，这又往往会妨碍他们。因此，当儿童成为使用该技术的专家时，对儿童软件的评估应该跟随他们。理想情况下，应继续跟踪儿童，看看他们是否使用该技术以及这种使用是否具有积极影响。纵向研究还可以提供有关哪些因素有助于成功的信息。可能是相同的技术在某些教室而不是其他教室中取得成功，或者对于来自特定社会经济群体的孩子而不是其他人。纵向研究也可用于评估向儿童提供计算机和软件对整个社会的影响。这对于儿童是第一个接触计算机的家庭成员的情况尤其重要，就像在发展中国家的OLPC项目中发生的那样。

在这三个领域取得进展的过程中，交互设计和儿童领域可以通过基于经验的指南为设计作出贡献、致力于接触尽可能多的儿童以及了解技术的长期和更广泛的影响来发展。这将使该领域的科学基础更加强大，将益处扩展到更多的儿童，并为儿童使用技术的益处提供明确的证据。

·后记·

Shneiderman 和 Plisant (2016) 在《设计用户界面》的附录中讨论了计算机产品的广泛使用可能给社会带来和正在给社会带来的一些危险。我们能设计出一种不会增加儿童之间经济和社会差距的技术吗？我们能否为不那么幸运的孩子提供技术，使他们在以后的生活中获得成功，成为真正的世界公民？我们能否设计出技术，让孩子们更多地了解世界各地其他人的情况？

为了提高儿童的数字素养，我想谈谈儿童作为用户群体所面临的问题，思考在儿童交互设计领域可以提供的改善的方法。

第一个担忧是计算机交互取代了面对面的交流。当电脑取代人类进入儿童生活时，这种情况就会发生。被替换的人类可以是游戏伙伴、家人或老师。当孩子们自己在电脑上玩游戏而不是和其他孩子一起玩时，当电脑被用作保姆时，当"智能"家教取代老师时，这种情况就会发生。当孩子们使用电脑与他们无法面对面见到的人交流时，也会发生这种情况。虽然这在帮助孩子表达情感和获得他们无法获得的安慰方面有积极的作用，但显然没有什么能取代一个真正的人类的微笑，一个友好的拥抱，或一个表达"我喜欢"。有证据表明，参与社会互动促进了一般的认知功能，在面对面互动较少的环境中成长起来的儿童可能很难与日常互动的人建立关系，在面对面互动中可能会受到社交技能的限制。

此外，世界上只有一小部分儿童能从计算机技术带来的积极影响中受益。数字鸿沟是真实存在的，它很可能会扩大经济和社会差距。有一些项目正试图纠正这一问题，但即使进行了大力宣传，"每个孩子一台笔记本电脑"项目到目前为止仍未能达到发展中地区国家采用这一项目的预期。即使提供了硬件，在开发解决方案时，也需要考虑到基础设施的限制。

提高儿童的数字素养的方法是在设计技术时把所有儿童的需要放在首位。在提到设计和产品的质量时，强调设计技术以增强用户技能。遵循这一原则，我们应该研究如何使用计算机技术来加强或鼓励面对面的互动。例如笔记本电脑重量轻的特性鼓励孩子们分享他们的工作，并通过像拿纸质笔记本一样拿着电脑四处移动来寻求他人的帮助。在这种情况下，计算机技术鼓励面对面的社会互动。

参与式设计意味着儿童有权平等地参与影响其成长的技术设计，这意味着他们和他们的父母也应该参与为他们使用而设计的技术的设计决策。这反映在强调在设计过程中与儿童合作的技术中，研究团体需要做更多工作的一个领域是让父母和他们的孩子一起参与设计过程。这可能是解决广告和消费主义问题的最好方法之一。

我们可以为孩子们提供技术，帮助他们成长为善于社交、负责任、参与和具有全球意识的成年人。本书中引用的许多研究项目都在这方面取得了进展。我希望本书能鼓励在这一领域进行负责任的研究，把孩子放在第一位，帮助把它建设成一个对社会有贡献的充满活力的领域。

电子游戏、电视、漫画书、收音机……社会和家庭一直在为技术对儿童福祉造成的影响感到担忧。对这个话题进行搜索，会发现这种担忧并不是最近才出现的。曾经，收音机被认为导致失眠，漫画书被认为导致儿童犯罪或滥交，电视造成儿童与社会隔离，电子游戏导致线下有攻击性的行为。早在 16 世纪，就有人担心文字会导致健忘，因为人类不再需要通过记忆来存取信息。他们还担心书籍和印刷机会导致我们今天所说的"信息过载"。然而，如今人们对互联网以及儿童使用网络方式的担忧程度，与上述针对"新事物"的担忧不可同日而语。毕竟现在我们很难"撤掉"或者"关闭"网络连接或交互活动，儿童使用互联网的过程更难被监测；且他们通过互联网设备获取娱乐内容、信息或访问社交网络时，这些设备也会收集他们的信息。在网络连接与互动所产生的影响方面，家长、教育者、政府和行业领袖们提出了很多问题：接触数字信息是否会威胁到儿童的福祉？儿童的屏幕时间过多吗？哪些儿童面临的风险最大？父母和照料者可以采取哪些行动，既能给儿童空间让其独立探索与发展，同时又能对其上网活动实施必要的监督？尽管有关儿童"屏幕时间"（screen time）的争论仍在继续，但它已逐渐显得过时。因为，衡量儿童花在数字产品上的时间是否适度并没有清晰的标准。"多少是过多"是一个高度个人化的问题，取决于儿童的年龄、性格以及社会环境。在高度连通的环境中，许多儿童很难估算其使用数字技术的时间，因为，可以说，他们随时都在或多或少地使用这项技术。随着针对这些问题的讨论与研究不断深入，一些基本共识似乎正在形成：父母和教育者不应限制儿童使用数字媒体，而是应当以关怀和支持的姿态介入。这样做非常有助于儿童从网络世界中受益，并降低他们的风险。我们应该更多地关注儿童的网络体验及其参与的活动——他们上网做什么，为什么这样做；而不是严格限制他们应该在屏幕前花多少时间。未来的研究和政策应全面考虑儿童的年龄、性别、性格、生活状况、社会文化环境以及其他因素，以此为基础来划分使用数字技术健康与否的边界。

正如前几章所论述，儿童能否从数字产品体验中受益，能在多大程度上受益，取决于他们人生的起步阶段。有健康完善的社会关系和家庭关系的儿童很可能会利用互联网来促进这些关系，从而生活得更加幸福；而对那些面临着孤独、压力、抑郁或家庭问题困扰的儿童来说，互联网可能加剧这些挑战。另一方面，那些在线下的社会情感生活中面临挑战的儿童，也有可能通过网络结交朋友，获得从其他途径无法得到的社会关怀。

儿童使用数字设备的时间越来越长，使得父母、教育者以及关注儿童健康和福祉的热心人士愈发担忧。然而，每一篇声称日益加剧的数字化对儿童有害的新文章或研究，都能找到另一篇文章或研究用与其相悖的证据进行反驳。一些成年人认为孩子们若在屏幕前花太多时间，可能错失生活中的许多重要瞬间，或者说，是这些成年人儿时经历的重要瞬间，例如，恶作剧后和小伙伴笑作一团、爬树或是入迷地看一只蚂蚁在地上爬过。家长的担忧超越了国界，例如，根据瑞典媒体理事会的一份报告，瑞典的父母相当肯定电子游戏对儿童有好处，但与此同时也为其消耗的大量时间感到担忧。无独有偶，在南非，家长焦点小组中的受访者认可互联网对孩子的益处，但与此同时，也为孩子上网花费的时间和面临的潜在风险感到担忧。社会学家和心理学家表示，如今儿童与手机的互动超过了与小伙伴间的互动，并因此怀疑他们有可能错失重要的社交体验。还有一些研究者担心，以数字为媒介的友谊和交流将影响或改变儿童的社交技能。也有专家表示，儿童之间的互动并没有减少，质量也与以前相当，只是社交的场所转移到了数字世界。在数字鸿沟的另一端，即对于那些难以或无法连接网络的人群而言，家长和照料者可能担心孩子错失提高社交娴熟度、建立数字身份和获取就业所需技能与知识的宝贵机遇。使用网络的孩子们指出，真正在错失机遇的是成年人。有孩子抱怨自己的父母上网时间太长，他们必须与数字设备争夺父母的关注。尽管观点各不相同，但是儿童与家长可以通过加强沟通和交流，充分讨论什么是深思熟虑的、负责任的线上行为，努力寻找跨越代沟的方法。有一点是明确无误的：2007 年世界卫生组织制定的有关子女养育的以下关键维度依然适用：沟通、行为控制、尊重儿童个体性、以身作则、为孩子提供充分发展条件、保护孩子免受伤害，做到了这几点，就会对青少年的福祉产生积极影响。

尽管家长和照料者可能认为限制儿童使用数字技术的时间是对孩子的保护，实际的情况也许并非如此。政府、企业、家长和其他有关方面限制互联网使用的常见手段通常包括家长控制、内容屏蔽和网络信息过滤。尽管用意良好，但这些方法的设计并非总是完善的，有时不但不能达成预期目的，还有可能带来意想不到的负面影响。例如，这些限制可能将青少年孤立于社交圈外、无法获得信息、难以在娱乐中放松和学习。限制措施导致的紧张情绪也可能伤害父母和孩子之间的信任。此外，极端的限制可能阻碍儿童培养数字素养，而他们需要这些素养来理性评估信息，安全、有效、负责任地沟通，这些数字技能对他们的未来发展十分必要。由于关于"屏幕时间"的共识尚未达成，父母、决策者、研究人员和媒体不应就"什么是健康或不健康的数字技术使用"得出草率的结论。我们应当考虑到儿童生活的整体，并更加重视儿童上网的内容和体验，而不是仅仅关注"屏幕时间"，这也许能更好地帮助我们理解数字互联对儿童福祉的影响。人们往往假设，网络时间挤占了其他更有价值的活动的时间，如面对面社交、阅读或锻炼，这就是所谓的"替代理论"（displacement theory）。尽管这一理论最初得到了支持，并作为一些政策声明的依据，例如美国儿科学会数字媒体使用指南，但最近的研究却显示这种想法是简单化的，甚至是不准确的。观点转变的原因之一是人们越发认识到数字技术给了儿童带来了许多有利于自身发展的活动的机遇，而且这些机遇的数量和质量都在提高。例如，一些电子游戏对儿童认知、动机、情感和社交发展都有正面影响。这种认识也反映在美国儿科学会的最新政策指南中，其中对时间和年龄的限制性建议程度有所放宽。最近的研究表明，青年人对多至每天6小时的高水平"屏幕时间"的适应能力相当强，这个强度超过了大多数政策声明的推荐水平。尽管这让我们松了一口气，但是，想要理解把多至三分之一的清醒时间用于上网究竟有何影响，还需要更多的研究。此外，互联网使用者，无论是儿童还是成年人，都应当思考，谁才是网络活动的最大受益者，是用户？还是技术公司？

让每一个孩子远离各种形式的网络侵害，是每一位数字产品设计师与每一位父母共同的美好期许。对于孩子来说，父母亲耐心的陪伴呵护与科学的教育引导，是他们既对现实与虚拟世界保持好奇、不断探索，又能够保持独立的人格、身心健康、快乐成长的重要因素。中国有句古话："幼吾幼以及人之幼"。在数字信息时代，儿童权益保障更需要跨越行业、组织和国家的界限，开展通力合作，站在人类未来发展、谋求人类福祉的高度，共同思考、改进和推动。让我们携手努力，相信数字时代新技术浪潮带给孩子们的将是更加美好的未来！

· 参考文献 ·

1. ［美］Alan Cooper. About Face 4: 交互设计精髓. 北京：电子工业出版社，2020

2. ［美］爱利克·埃里克森. 游戏与理智：经验仪式化的各个阶段. 北京：世界图书出版公司，2017

3. ［以］阿维·法利赛. 交互系统新概念设计：用户绩效和用户体验设计准则. 北京：机械工业出版社，2017

4. ［美］波·布朗森，阿什利·梅里曼. 关键教养报告：关于孩子的新思考. 杭州：浙江人民出版社，2013

5. ［美］B.F. 斯金纳. 科学与人类行为. 北京：中国人民大学出版社，2022

6. ［美］巴克斯顿. 用户体验草图设计. 北京：电子工业出版社，2014

7. ［美］贝拉·马丁. 通用设计方法. 北京：中央编译出版社，2013

8. ［美］保罗·图赫. 勇气、好奇心、乐观精神与孩子的未来. 北京：机械工业出版社，2013

9. ［美］伯尼·特里林，查尔斯·菲德尔. 学习的创新与创新的学习. 上海：华东师范大学出版社，2022

10. 陈琦，刘儒德. 教育心理学. 北京：高等教育出版社，2011

11. ［美］David R. Shaffer, Katherine Kipp. 发展心理学：儿童与青少年（第九版）. 北京：中国轻工业出版社，2017

12. ［荷］代尔夫特理工大学工业设计工程学院. 设计方法与策略：代尔夫特设计指南. 武汉：华中科技大学出版社，2014

13. ［英］大卫·贝尼昂. HCI、UX 和交互设计指南. 北京：机械工业出版社，2020

14. 黄进. 儿童游戏文化引论. 南京：南京师范大学出版社，2012

15. ［英］海伦·夏普，［美］詹妮弗·普瑞斯，［英］伊温妮·罗杰斯. 超越人机交互. 北京：机械工业出版社，2020

16. ［美］Jeff Gothelf, Josh Seiden. 精益设计：设计团队如何改善用户体验. 北京：人民邮电出版社，2018

17. ［美］Jeff Johnson. 认知与设计：理解 UI 设计准则. 北京：人民邮电出版，2021

18. ［美］J·H·弗拉维尔. 认知发展. 上海：华东师范大学出版社，2002

19. ［瑞］皮亚杰. 儿童智慧的起源. 北京：中国社会科学出版社，1999

20. ［瑞］J. 皮亚杰. 可能性与必然性. 上海：华东师范大学出版社，2005

21. ［澳］Jodie Moule. 用户体验设计成功之道. 北京：人民邮电出版社，2014

22. ［美］Leah Buley. 用户体验多面手. 武汉：华中科技大学出版社，2014

23. ［美］罗伯塔·米奇尼克·戈林科夫，凯西·赫胥 - 帕赛克. 未来能力教养. 北京：华夏出版社，2020

24. ［美］卢克·米勒. 用户体验方法论. 北京：中信出版社，2016

25. ［以］罗尼·索兰. 童年之谜：了解儿童内心世界的心理学指南. 北京：人民邮电出版社，2020

26. ［美］劳伦斯·科恩. 游戏力. 北京：中信出版社，2018

27. ［意］蒙台梭利. 童年的秘密. 北京：中国妇女出版社，2017

28. ［美］Robert Hoekman Jr. 用户体验设计：本质、策略与经验. 北京：人民邮电出版社，2017

29. ［美］唐纳德·A. 诺曼. 设计心理学. 情感化设计. 北京：中信出版社，2015

30. ［法］塞利娜·阿尔瓦雷斯. 儿童自然法则. 北京：生活书店出版有限公司，2022

31. ［德］Smashing Magazine. 移动交互体验设计. 北京：人民邮电出版社，2014

32. ［美］Stephen P.Anderson. 怦然心动：情感化交互设计指南. 北京：人民邮电出版社，2012

33. ［加］Trevor van Gorp，［美］Edie Adams. 情感与设计. 北京：人民邮电出版，2014

34. ［美］维克托·约科. 说服式设计七原则：用设计影响用户的选择. 北京：人民邮电出版社，2018

35. ［英］乌莎·戈斯瓦米. 儿童心理学. 北京：译林出版社，2019

36. ［英］Whitney Quesenbery，［美］Kevin Brooks. 用户体验设计：讲故事的艺术. 北京：清华大学出版社，2014

37. 吴晓莉，周丰. 设计认知：研究方法与可视化表征. 南京：东南大学出版社，2020

38. ［日］佐藤大. 用设计解决问题. 北京：北京时代华文书局，2016

39. 张文新，谷传华. 创造力发展心理学. 合肥：安徽教育出版社，2004

40. Abu Talib, R. I., Nikolic, P. K., Sunar, M. S., & Prada, R. (2020). In-visible island: inclusive storytelling platform for visually impaired children. Mobile Networks and Applications, 25(3), 913-924.

41. Acero López, A. E., Ramirez Cajiao, M. C., Peralta Mejia, M., Payán Durán, L. F., & Espinosa Díaz, E. E. (2019). Participatory design and technologies for sustainable development: an approach from action research. Systemic Practice and Action Research, 32(2), 167-191.

42. Acuff, D. S. (1997). What kids buy and why: The psychology of marketing to kids. New York, NY: The Free Press.

43. Adkins, S. S. (2015). The 2014–2019 China Mobile Learning Market. Retrieved from http://www.ambientinsight.com/Resources/Documents/AmbientInsight-2014-2019-China-Mobile-

Learning-Market-Abstract.pdf

44. Adkins, S. S. (2015). The 2014–2019 global edugame market. Session presented at the Serious Play Conference, Pittsburgh, PA. Retrieved from http://www.seriousplayconference. com/ wp-content/uploads/2015/07/Ambient2015GlobalMarketReport.pdf

45. Apple. iOS Human Interface Guidelines. Retrieved fromhttps://developer.apple.com/design/ human-interface-guidelines/platforms/designing-for-ios/

46. Bauer, V., Bouchara, T., Duris, O., Labossière, C., Clément, M. N., &Bourdot, P. (2022). Evaluating the Acceptability and Usability of a Head-Mounted Augmented Reality Approach for Autistic Children with High Support Needs. International Conference on Virtual Reality and Mixed Reality (pp. 53-72). Springer, Cham.

47. Beato, G. (1997). Computer games for girls is no longer an oxymoron. Wired Magazine. Retrieved from http://www.wired.com/1997/04/es-girlgames/

48. Berendsen, M. E., Hamerlinck, J. D., & Webster, G. R. (2018). Digital story mapping to advance educational atlas design and enable student engagement. ISPRS International Journal of Geo-Information, 7(3), 125.

49. Berns, G. S., McClure, S. M., Pagnoni, G., & Montague, P. R. (2001). Predictability modulates humanbrain response to reward. The Journal of Neuroscience, 21(8). Retrieved from http://www.ccnl.emory.edu/greg/Koolaid_JN_Print.pdf

50. Björgvinsson, E., Ehn, P., &Hillgren, P. A. (2010, November). Participatory design and" democratizing innovation". In Proceedings of the 11th Biennial participatory design conference (pp. 41-50).

51. Blumberg, F. C., Deater - Deckard, K., Calvert, S. L., Flynn, R. M., Green, C. S., Arnold, D., & Brooks, P. J. (2019). Digital games as a context for children's cognitive development: Research recommendations and policy considerations. Social Policy Report, 32(1), 1-33.

52. Brandt, E., Binder, T., & Sanders, E. B. N. (2012). Tools and techniques: Ways to engage telling, making and enacting. In Routledge international handbook of participatory design (pp. 145-181). Routledge.

53. Brown, T., & Katz, B. (2011). Change by design. Journal of product innovation management, 28(3), 381-383.

54. Brown, S. L., & Vaughan, C. C. (2009). Play: How it shapes the brain, opens the imagination, andinvigorates the soul. New York, NY: Avery.

55. Buchsbaum, D., Gopnik, A., Griffiths, T. L., & Shafto, P. (2011). Children's imitation ofcausal action sequences is influenced by statistical and pedagogical evidence. Cognition,120(3).

56. Carlier, S., Van der Paelt, S., Ongenae, F., De Backere, F., & De Turck, F. (2020). Empowering children with ASD and their parents: Design of a serious game for anxiety and stress reduction. Sensors, 20(4), 966.

57. Carlton.(2012).Cognitivismand games. Retrieved from http://playwithlearning. com/2012/01/11/cognitivism-and-games/

58. Chamberlin, B. (2014). How to design for how children learn. Presentation at Dust or

MagicAppCamp sponsored by Children's Technology Review, Marshall, CA.

59. Chan, R. Y. Y., Sato-Shimokawara, E., Bai, X., Kuo, S. W., & Chung, A. (2019). A context-aware augmentative and alternative communication system for school children with intellectual disabilities. IEEE Systems Journal, 14(1), 208-219.

60. Cohen, L. J. (2001). Playful parenting. New York, NY: The Ballantine Publishing Group.

61. Csikszentmihalyi, M. (1990). Flow: The psychology of optimal experience. New York, NY: Harper & Row.

62. Dewar, G. (2014). The cognitive benefits of play: Effects on the learning brain. Retrieved from http:// www.parentingscience.com/benefits-of-play.html

63. Dewi, S. S., &Dalimunthe, H. A. (2019). The Effectiveness of Universal Design for Learning. Journal of Social Science Studies, 6(1), 112-123.

64. DiSalvo, B., Yip, J., Bonsignore, E., & Carl, D. (2017). Participatory design for learning. In Participatory design for learning (pp. 3-6). Routledge.

65. Dix, A., Finlay, J., Abowd, G. D., & Beale, R. (2003). Human-computer interaction. Pearson Education.

66. Druga, S., Vu, S. T., Likhith, E., &Qiu, T. (2019). Inclusive AI literacy for kids around the world. In Proceedings of FabLearn.

67. Druin, A. (2002). The role of children in the design of new technology. Behaviour and information technology, 21(1), 1-25.

68. Donohue, C. (2015). Technology and digital media in the early years: Tools for teaching and learning. New York, NY: Routledge.

69. Elbeleidy, S., Rosen, D., Liu, D., Shick, A., & Williams, T. (2021, June). Analyzing teleoperation interface usage of robots in therapy for children with autism. Interaction Design and Children (pp. 112-118).

70. Elkind, D. (2007). The power of play: How spontaneous, imaginative activities lead to happier, healthier children. Cambridge, MA: Da Capo Press.

71. Elliott, J. L. (2005). AquaMOOSE 3D: A constructionist approach to math learning motivated by artistic expression. Georgia Institute of Technology.

72. Fails, J. A., Guha, M. L., &Druin, A. (2013). Methods and techniques for involving children in the design of new technology for children. Foundations and Trends® in Human–Computer Interaction, 6(2), 85-166.

73. Faisal Iskanderani, A., & Rodríguez Ramírez, E. (2021). Toy Design for Emotion Regulation: Current and Potential Research Opportunities: Toy Design for Emotion Regulation. Interaction Design and Children (pp. 652-654).

74. Frauenberger, C., Makhaeva, J., & Spiel, K. (2017, June). Blending methods: Developing participatory design sessions for autistic children. In Proceedings of the 2017 conference on interaction design and children (pp. 39-49).

75. Figallo, C., & Rhine, N. (2002). Building the knowledge management network: Best practices, tools, andtechniques for putting conversation to work. New York, NY: John Wiley & Sons, Inc.

76. Fisher, C. (2015). Designing games for children: Developmental, usability, and design considerations formaking games for kids. Burlington, MA: Focal Press.

77. Fordington, S., & Brown, T. H. (2020). An evaluation of the Hear Glue Ear mobile application for children aged 2–8 years old with otitis media with effusion. Digital Health, 6, 2055207620966163.

78. Fox, B. (2005). Game interface design. Boston, MA: Thomson Course Technology PTR.

79. Furlong, L., Morris, M., Serry, T., & Erickson, S. (2018). Mobile apps for treatment of speech disorders in children: An evidence-based analysis of quality and efficacy. PloS one, 13(8), e0201513.

80. Gelman, D. L. (2014). Design for kids: Digital products for playing and learning. Brooklyn, NY:Rosenfeld Media.

81. Giannakopoulos, G., Tatlas, N. A., Giannakopoulos, V., Floros, A., &Katsoulis, P. (2018). Accessible electronic games for blind children and young people. British Journal of Educational Technology, 49(4), 608-619.

82. Ginsburg, K. R. (2007). The importance of play in promoting healthy child development and maintaining strong parent-child bonds. Pediatrics, 119(1), 1820191. doi: 10.1542/ peds.2006-2697

83. Gladwell, M. (2002). The tipping point: How little things can make a big difference. New York, NY:Little, Brown and Company.

84. Gladwell, M. (2005). Blink: The power of thinking without thinking. New York, NY: Little, Brown andCompany.

85. Goldstein, J. (2013). Technology and Play. Scholarpedia, 8(2), 30434.

86. Google. Android User Interface Guidelines. Retrieved fromhttps://developer.android.com/ guide/practices/ui_guidelines

87. Gould, J. (2012). Learning theories and classroom practice in the lifelong learning sector. ThousandOaks, CA: SAGE Publications Inc.

88. Grant, A. (2016). How to raise a creative child. Step one: Back off. The New York Times. Retrieved from http://www.nytimes.com/2016/01/31/opinion/sunday/how-to-raise-a-cre- ative-child-step-one-back-off.html

89. Greenbaum, J., &Kyng, M. (Eds.). (2020). Design at work: Cooperative design of computer systems. CRC Press.

90. Guernsey, L. (2007). Into the minds of babes: How screen time affects children from birth to age five.New York, NY: Basic Books.

91. Gulz, A. (2005). Social enrichment by virtual characters–differential benefits. Journal of Computer Assisted Learning, 21(6), 405-418.

92. Gurian, M., Henley, P., &Trueman, T. (2001). Boys and girls learn differently: A guide for teachers andparents. San Francisco: Jossey-Bass.

93. Hains, R. (2015). The problem with separate toys for girls and boys: What started our ob- session with assigning gender to playthings, and how can parents combat it? Boston Globe. Retrieved fromhttps://www.bostonglobe.com/magazine/2015/02/27/the-problem-with-sepa-

rate-toys-for-girls-and-boys/2uI7Qp0d3oYrTNj3cGkiEM/story.html

94. Hammond, L., Austin, K., Orcutt, S., & Rosso, J. (2001). How people learn: Introductionto learning theories. Retrieved from http://web.stanford.edu/class/ed269/hplintrochapter.pdf

95. Hansegard, J. (2015). Lego builds stronger ties to girls. The Wall Street Journal. Retrieved from http://www.wsj.com/articles/lego-builds-stronger-ties-to-girls-1451420979

96. Hao, Y., Lee, K. S., Chen, S. T., & Sim, S. C. (2019). An evaluative study of a mobile application for middle school students struggling with English vocabulary learning. Computers in Human Behavior, 95, 208-216.

97. Hope Currin, F., Diederich, K., Blasi, K., Dale Schmidt, A., David, H., Peterman, K., &Hourcade, J. P. (2021). Supporting Shy Preschool Children in Joining Social Play. Interaction Design and Children (pp. 396-407).

98. Holman, T. (2005). Sound for digital video. Amsterdam: Elsevier Focal.

99. Honoré, C. (2008). Under pressure: Rescuing our children from the culture of hyper-parenting. New York,NY: HarperOne.

100. Hourcade, J. P. (2015). Child–computer interaction. (self-published).

101. Iivari, N., &Kinnula, M. (2018, August). Empowering children through design and making: towards protagonist role adoption. In Proceedings of the 15th Participatory Design Conference: Full Papers-Volume 1 (pp. 1-12).

102. Islam, M. N., Inan, T. T., Promi, N. T., Diya, S. Z., & Islam, A. K. M. N. (2020). Design, implementation, and evaluation of a mobile game for blind people: toward making mobile fun accessible to everyone. Information and communication technologies for humanitarian services, 291-310.

103. Iversen, O. S., Smith, R. C., &Dindler, C. (2017, June). Child as protagonist: Expanding the role of children in participatory design. In Proceedings of the 2017 conference on interaction design and children (pp. 27-37).

104. Jeong S, Santos K D, Graca S, et al. Designing a socially assistive robot for pediatric care. Proceedings of the 14th international conference on interaction design and children. 2015: 387-390.

105. Kahn, K. M., Megasari, R., Piantari, E., &Junaeti, E. (2018). AI programming by children using snap! block programming in a developing country.

106. Kamenetz, A. (n.d.). You tell me: When kids + screens = happiness. Retrieved from https:// medium. com/@anya1anya/b7f2a1738a7b#.6i5eo9ejc

107. Katz, L. G. (2015, April). Lively minds: Distinctions between academic versus intellectual goals for young children. Retrieved from https://deyproject.files.wordpress.com/2015/04/ dey-lively- minds-4-8-15.pdf

108. Kawas, S., Kuhn, N. S., Tari, M., Hiniker, A., & Davis, K. (2020). " Otter this world" can a mobile application promote children's connectedness to nature?.Proceedings of the Interaction Design and Children Conference (pp. 444-457).

109. Kennedy-Moore, E., & Lowenthal, M. S. (2011). Smart parenting for smart kids: Nurturing your child'strue potential. San Francisco, CA: Jossey-Bass.

110. Keyes, R. (2006). The quote verifier: Who said what, where, and when. New York, NY: St. Martin'sGriffin

111. Kocher, D., Kushnir, T., & Green, K. E. (2020, June). Better together: young children's tendencies to help a non-humanoid robot collaborator. Proceedings of the Interaction Design and Children Conference (pp. 243-249).

112. Kondo, H (Ed.). (2005). Character design collection. Tokyo: PIE Books.

113. Korte, J. (2020). Patterns and themes in designing with children. Foundations and Trends® in Human–Computer Interaction, 13(2), 70-164.

114. Koushik, V., Guinness, D., & Kane, S. K. (2019, May). Storyblocks: A tangible programming game to create accessible audio stories. In Proceedings of the 2019 CHI Conference on Human Factors in Computing Systems (pp. 1-12).

115. Krug, S. (2014). Don't make me think, revisited: A common sense approach to web usability. SanFrancisco, CA: New Riders.

116. Lan, Y. J., Hsiao, I. Y., & Shih, M. F. (2018). Effective learning design of game-based 3D virtual language learning environments for special education students. Journal of Educational Technology & Society, 21(3), 213-227.

117. Laura Ramírez Galleguillos, M., &Coşkun, A. (2020, June). How Do I matter? A Review of the Participatory Design Practice with Less Privileged Participants. In Proceedings of the 16th Participatory Design Conference 2020-Participation (s) Otherwise-Volume 1 (pp. 137-147).

118. Lee, Y., &Bichard, J. A. (2008, October). 'Teen-scape' designing participations for the design excluded. In Proceedings of the Tenth Anniversary Conference on Participatory Design 2008 (pp. 128-137).

119. Lewrick, M., Link, P., & Leifer, L. (2018). The design thinking playbook: Mindful digital transformation of teams, products, services, businesses and ecosystems. John Wiley & Sons.

120. Liszio, S., Graf, L., Basu, O., &Masuch, M. (2020, June). Pengunaut trainer: a playful VR app to prepare children for MRI examinations: in-depth game design analysis. Proceedings of the Interaction Design and Children Conference (pp. 470-482).

121. López Ibáñez, M., Romero-Hernández, A., Manero, B., &Guijarro, M. (2022). Computer entertainment technologies for the visually impaired: an overview.

122. Long, D., &Magerko, B. (2020). What is AI literacy? Competencies and design considerations. In Proceedings of the 2020 CHI conference on human factors in computing systems (pp. 1-16).

123. Low, S., Sugiura, Y., Fan, K., &Inami, M. (2013). Cuddly: enchant your soft objects with a mobile phone. In International Conference on Advances in Computer Entertainment Technology (pp. 138-151). Springer, Cham.

124. Lozano, M. D., Penichet, V. M., Leporini, B., & Fernando, A. (2018). Tangible user interfaces to ease the learning process of visually-impaired children.

125. Lu S C, Blackwell N, Do E Y L. mediRobbi: An interactive companion for pediatric

patients during hospital visit. International Conference on Human-Computer Interaction. Springer, Berlin, Heidelberg, 2011: 547-556.

126. Madrid, I. (2015). From gender neutral beginnings to pink princess themes andtoday's female STEM minifigs: LEGO's messy history of marketing to girls.PRI's The World. Retrieved from http://www.pri.org/stories/2015-07-02/ gender-neutral-beginnings-pink-princess-themes-and-todays-female-stem-minifigs

127. Maglaty, J. (2011). When did girls start wearing pink? Smithsonian. Retrieved from http://www.smithsonianmag.com/arts-culture/when-did-girls-start-wearing-pink-1370097/?no-ist

128. Martinez-Conde, S., Macknik, S. L., & Hubel, D. H. (2004). The role of fixational eye movements in visual perception. Neuroscience, 5. Retrieved from http://hubel.med.harvard.edu/papers/HubelMartinez-condeetal2004NationReviewNeuroscience.pdf

129. Marsh, J., Plowman, L., Yamada – Rice, D., Bishop, J., Lahmar, J., & Scott, F. (2018). Play and creativity in young children's use of apps. British Journal of Educational Technology, 49(5), 870-882.

130. McGonigal, J. (2011). Reality is broken: Why games make us better and how they can change the world.New York, NY: Penguin Books.

131. McLeod, S. (2013). Erik Erikson. Retrieved from http://www.simplypsychology.org/Erik-Erikson.html

132. McNally, B., Mauriello, M. L., Guha, M. L., &Druin, A. (2017). Gains from participatory design team membership as perceived by child alumni and their parents. In Proceedings of the 2017 CHI conference on human factors in computing systems (pp. 5730-5741).

133. McNally, B., Kumar, P., Hordatt, C., Mauriello, M. L., Naik, S., Norooz, L., ... &Druin, A. (2018). Co-designing mobile online safety applications with children. Proceedings of the 2018 CHI Conference on Human Factors in Computing Systems (pp. 1-9).

134. McNerney, T. S. (2014). From turtles to Tangible Programming Bricks: explorations in physical language design. Personal and Ubiquitous Computing, 8(5), 326-337.

135. Medina, J. (2008). Brain rules: 12 principles for surviving and thriving at work, home, and school.Seattle, WA: Pear Press.

136. Metatla, O., Read, J. C., & Horton, M. (2020, June). Enabling children to design for others with expanded proxy design. In Proceedings of the interaction design and children conference (pp. 184-197).

137. Mesquita, L., Sánchez, J., & Andrade, R. (2018). Cognitive impact evaluation of multimodal interfaces for blind people: Towards a systematic review. International Conference on Universal Access in Human-Computer Interaction (pp. 365-384). Springer, Cham.

138. Moraveji, N., Li, J., Ding, J., O'Kelley, P., & Woolf, S. (2007, April). Comicboarding: using comics as proxies for participatory design with children. In Proceedings of the SIGCHI conference on Human factors in computing systems (pp. 1371-1374).

139. Muller, M. J., & Kuhn, S. (1993). Participatory design. Communications of the ACM, 36(6), 24-28.

140. Muller, M. J., &Druin, A. (2012). Participatory design: The third space in human–computer interaction. In The Human–Computer Interaction Handbook (pp. 1125-1153). CRC Press.

141. Paoletti, J. B. (2012). Pink and blue: Telling the boys from the girls in America. Bloomington, IN: Indiana University Press.

142. Papoutsi, C., Drigas, A., &Skianis, C. (2018). Mobile Applications to Improve Emotional Intelligence in Autism-A Review. International Journal of Interactive Mobile Technologies, 12(6).

143. Parker, I. (2013). Mapping the future of digital learning games. Retrieved from http://www.instituteofplay.org

144. Parsons, D. (2016). The future of mobile learning and implications for education and training. In Transforming Education in the Gulf Region (pp. 252-264). Routledge.

145. Pijpers, R., & Bosch, N. V. (Eds.). (2014). Positive digital content for kids: Experts reveal their secrets.Ludwigshafen: POSCON &Mijn Kind Online.

146. Prensky, M. (2001). Digital Natives, Digital Immigrants Part 1. On the Horizon, 9(5).doi: 10.1108/10748120110424816

147. Raffle, H., Ishii, H., & Yip, L. (2017). Remix and Robo: sampling, sequencing and real-time control of a tangible robotic construction system. In Proceedings of the 6th international conference on Interaction design and children (pp. 89-96).

148. Ratcliffe, S. (2011). Oxford Treasury of Sayings and Quotations. Oxford: Oxford University Press.

149. Read, J. C., Gregory, P., MacFarlane, S., McManus, B., Gray, P., & Patel, R. (2002, August). An investigation of participatory design with children-informant, balanced and facilitated design. In Interaction design and Children (pp. 53-64). Eindhoven.

150. Reader's Digest Association. (2013). Quotable quotes: All new wit & wisdom from the greatest minds ofour time. White Plains, NY: Reader's Digest Association.

151. Resnick, M., Maloney, J., Monroy-Hernández, A., Rusk, N., Eastmond, E., Brennan, K., ... & Kafai, Y. (2009). Scratch: programming for all. Communications of the ACM, 52(11), 60-67.

152. Robertson, J., & Good, J. (2014). Children's narrative development through computer game authoring. In Proceedings of the 2014 conference on Interaction Design and Children.

153. Robinson, S., Hannuna, S., &Metatla, O. (2020). Not on any map: co-designing a meaningful bespoke technology with a child with profound learning difficulties. Proceedings of the Interaction Design and Children Conference (pp. 135-147).

154. Rogers, Y., & Marshall, P. (2017). Research in the Wild. Synthesis Lectures on Human-Centered Informatics, 10(3), i-97.

155. Rubegni, E., &Landoni, M. (2014, June). Fiabot! Design and evaluation of a mobile storytelling application for schools. In Proceedings of the 2014 conference on Interaction design and children (pp. 165-174).

156. Russ, S. W. (2004). Play in child development and psychotherapy: Toward empirically supported practice.New York, NY: Routledge.

157. Saffer, D. (2010). Designing for interaction: creating innovative applications and devices. New Riders.

158. Samual, A. (2015). Parents: Reject technology shame. The Atlantic.Retrieved from http://www.theatlantic.com/technology/archive/2015/11/why-parents-shouldnt-feel-technology-shame/414163/

159. Sánchez, J., & Elías, M. (2009). Science learning in blind children through audio-based games. In Engineering the User Interface (pp. 1-16). Springer, London.

160. Sanders, E. N. (2000). Generative tools for co-designing. In Collaborative design (pp. 3-12). Springer, London.

161. Sanders, E. B. N., Brandt, E., & Binder, T. (2010, November). A framework for organizing the tools and techniques of participatory design. In Proceedings of the 11th biennial participatory design conference (pp. 195-198).

162. Santos, I. K. D., Medeiros, R. C. D. S. C. D., Medeiros, J. A. D., Almeida-Neto, P. F. D., Sena, D. C. S. D., Cobucci, R. N., ... &Dantas, P. M. S. (2021). Active video games for improving mental health and physical fitness—An alternative for children and adolescents during social isolation: An Overview. International journal of environmental research and public health, 18(4), 1641.

163. Schell, J. (2008). The art of game design: A book of lenses. Amsterdam: Elsevier/Morgan Kaufmann.

164. Schuler, D., &Namioka, A. (Eds.). (1993). Participatory design: Principles and practices. CRC Press.

165. Sesame Workshop. (2013). Best practices: Designing touch tablet experiences for preschoolers.Retrieved from http://www.sesameworkshop.org/wp_install/wp-content/uploads/2013/04/Best-Practices-Document-11-26-12.pdf

166. Shneiderman, B., Plaisant, C., Cohen, M. S., Jacobs, S., Elmqvist, N., &Diakopoulos, N. (2016). Designing the user interface: strategies for effective human-computer interaction. Pearson.

167. Talib, R. I. A., Nikolic, P. K., Sunar, M. S., & Prada, R. (2020). Smart collaborative learning environment for visually impaired children. In EAI International Conference on Smart Cities within SmartCity360° Summit (pp. 485-496). Springer, Cham.

168. Touretzky, D., Gardner-McCune, C., Martin, F., & Seehorn, D. (2019). Envisioning AI for K-12: What should every child know about AI?.In Proceedings of the AAAI conference on artificial intelligence.

169. Tseng, T., Murai, Y., Freed, N., Gelosi, D., Ta, T. D., & Kawahara, Y. (2021). PlushPal: Storytelling with interactive plush toys and machine learning. In Interaction design and children (pp. 236-245).

170. Van Mechelen, M., Zaman, B., Laenen, A., &Abeele, V. V. (2015, June). Challenging group dynamics in participatory design with children: Lessons from social interdependence

theory. In Proceedings of the 14th International Conference on Interaction Design and Children (pp. 219-228).

171. Vlieg, E. A. (2016). Scratch by Example: Programming for All Ages. Apress.

172. Vincent, J. (2011). The role of visually rich technology in facilitating children's writing. Journal of Computer Assisted Learning, 17(3), 242-250.

173. Wallbaum, T., Matviienko, A., Ananthanarayan, S., Olsson, T., Heuten, W., & Boll, S. C. (2018, April). Supporting communication between grandparents and grandchildren through tangible storytelling systems. In Proceedings of the 2018 CHI Conference on Human Factors in Computing Systems (pp. 1-12).

174. Wieners, B. (2011). Lego is for girls: Inside the world's most admired toy company'seffort to finally click with girls. Bloomberg Businessweek. Retrieved from http://www. bloomberg.com/news/articles/2011-12-14/lego-is-for-girls

175. Williams, R. (2015). The non-designer's design book: Design and typographic principles for thevisual novice. San Francisco, CA: Peachpit Press.

176. Williams, R., Park, H. W., Oh, L., & Breazeal, C. (2019). Popbots: Designing an artificial intelligence curriculum for early childhood education. In Proceedings of the AAAI Conference on Artificial Intelligence (Vol. 33, No. 01, pp. 9729-9736).

177. Woll, C. (2012). The Role of story in mobile games. Session presented at Game DesignConference, San Francisco, CA.

178. Wong-Villacres, M., DiSalvo, C., Kumar, N., & DiSalvo, B. (2020). Culture in Action: Unpacking Capacities to Inform Assets-Based Design. In Proceedings of the 2020 CHI Conference on Human Factors in Computing Systems (pp. 1-14).

179. Yang, Y. T. C., Chen, Y. C., & Hung, H. T. (2022). Digital storytelling as an interdisciplinary project to improve students' English speaking and creative thinking. Computer Assisted Language Learning, 35(4), 840-862.

案例一

1. Alhussayen, A., Alrashed, W., &Mansor, E. I. (2015). Evaluating the user experience of playful interactive learning interfaces with children. Procedia Manufacturing, 3, 2318-2324.

2. Anderson, S. P. (2011). Seductive interaction design: Creating playful, fun, and effective user experiences. Berkeley, CA: New Riders.

3. Anthony, L., Brown, Q., Nias, J., Tate, B., & Mohan, S. (2012. Interaction and recognition challenges in interpreting children's touch and gesture input on mobile devices. Proceedings of the 2012 ACM international conference on Interactive tabletops and surfaces (pp. 225-234). New York, NY: Elsevier Science.

4. Antle, A. N. (2008). Child-based personas: need, ability and experience. Cognition, Technology & Work, 10(2), 155-166.

5. App Annie. (n.d). The State of Mobile 2021 Report. Retrieved March 22, 2021, fromhttps://

www.appannie.com/en/go/state-of-mobile-2021/

6. Aziz, N. A. A., Batmaz, F., Stone, R., & Chung, P. W. H. (2013). Selection of touch gestures for children's applications. Science and Information Conference (pp. 721-726).London, UK: Asean Academic Press.

7. Barry, M., & Doherty, G. (2017). How we talk about interactivity: modes and meanings in HCI research. Interacting with Computers, 29(5), 697-714.

8. Baruque, L. B., & Melo, R. N. (2004). Learning theory and instruction design using learning objects. Journal of Educational Multimedia and Hypermedia, 13(4), 343-370.

9. Basics of Child Development: Social-Emotional, Physical and Cognitive Development. (n.d.). Retrieved January 3, 2018, from https://www.famlii.com/basics-child-development-social-emotional-physical-cognitive-development/

10. Bekker, T., &Antle, A. N. (2011). Developmentally situated design (DSD) making theoretical knowledge accessible to designers of children's technology. Proceedings of the SIGCHI Conference on Human Factors in Computing Systems (pp. 2531-2540). New York, NY: Elsevier Science.

11. Berridge, K. C. (2003). Pleasures of the brain. Brain and Cognition, 52(1), 106-128.

12. Campese, C., Amaral, D. C., &Mascarenhas, J. (2020). Restating the meaning Of UCD And HCD for a new world of design theories. Interacting with Computers, 32(1), 33-51.

13. Carroll, J. M. (1993). Creating a design science of human-computer interaction. Interacting with computers, 5(1), 3-12.

14. Chiasson, S., &Gutwin, C. (2005). Design principles for children's technology. interfaces, 7(28), 1-9.

15. Chwyl, M. C. P. (2018). Interactive e-book experiences in a children's museum: Discovery of family interactions (Doctoral dissertation). University of Toronto, Canada.

16. Clements, D. H. (2002). Computers in early childhood mathematics. Contemporary issues in early childhood, 3(2), 160-181.

17. Cooper, A., & Reimann, R. (2003). About face 2.0: The essentials of interaction design (Vol. 17). Indianapolis: Wiley.

18. Coryn, C. L., Spybrook, J. K., Evergreen, S. D., &Blinkiewicz, M. (2009). Development and evaluation of the social-emotional learning scale. Journal of Psychoeducational Assessment, 27(4), 283-295.

19. Deterding, S., Dixon, D., Khaled, R., &Nacke, L. (2011, September). From game design elements to gamefulness: defining" gamification". Proceedings of the 15th international academic MindTrek conference: Envisioning future media environments (pp. 9-15). Tampere, Finland

20. Domagk, S., Schwartz, R. N., &Plass, J. L. (2010). Interactivity in multimedia learning: An integrated model. Computers in Human Behavior, 26(5), 1024-1033.

21. Druin, A. (2005). What children can teach us: Developing digital libraries for children with children. The library quarterly, 75(1), 20-41.

22. Falloon, G. (2013). Young students using iPads: App design and content influences on their

learning pathways. Computers & Education, 68, 505-521.

23. Fizek, S. (2014). Why fun matters: in search of emergent playful experiences. In Rethinking gamification (pp. 273-287). meson press.

24. Gaver, W. W., Bowers, J., Boucher, A., Gellerson, H., Pennington, S., Schmidt, A., ... & Walker, B. (2004, April). The drift table: designing for ludic engagement. CHI'04 extended abstracts on Human factors in computing systems (pp. 885-900).

25. Gelman, D. L. (2014). Design for kids: Digital products for playing and learning. Rosenfeld Media.

26. Gray, J. H., Reardon, E., & Kotler, J. A. (2017, June). Designing for parasocial relationships and learning: Linear video, interactive media, and artificial intelligence. Proceedings of the 2017 Conference on Interaction Design and Children (pp. 227-237).

27. Green, W., & Jordan, P. (2002). Pleasure with products: Beyond usability. London: Taylor & Francis.

28. Guernsey, L. (2016). The beginning of the end of the screen time wars. Retrieved on October 2016, from: https://goo.gl/GMCpYN

29. Haugland, S. (1999). The newest software that meets the developmental needs of young children. Early Childhood Education Journal, 26(4), 245-54.

30. Hirsh-Pasek, K., Zosh, J. M., Golinkoff, R. M., Gray, J. H., Robb, M. B., & Kaufman, J. (2015). Putting education in "educational" apps: Lessons from the science of learning. Psychological Science in the Public Interest, 16(1), 3-34.

31. Hiniker, A., Heung, S. S., Hong, S., & Kientz, J. A. (2018, April). Coco's Videos: An Empirical Investigation of Video-Player Design Features and Children's Media Use. Proceedings of the 2018 CHI Conference on Human Factors in Computing Systems (pp. 1-13).

32. Hourcade, J. P. (2008). Interaction design and children. Now Publishers Inc.

33. IResearch Group. (2019). Research report onthe quality of Chinese parent-child companionship in 2019. Retrieved May 27, 2019, from https://www.iresearch.com.cn/Detail/report?id=3369&isfree=0

34. Jokinen, J. P., Silvennoinen, J., &Kujala, T. (2018). Relating experience goals with visual user interface design. Interacting with Computers, 30(5), 378-395.

35. Judge, S., Floyd, K., & Jeffs, T. (2015). Using mobile media devices and apps to promote young children's learning. In Young children and families in the information age (pp. 117-131). Springer, Dordrecht.

36. Jurdi, S., Garcia-Sanjuan, F., Nacher, V., & Jaen, J. (2018). Children's acceptance of a collaborative problem solving game based on physical versus digital learning spaces. Interacting with Computers, 30(3), 187-206

37. Karel Kreijns and Paul A. Kirschner. 2004. Designing Sociable CSCL Environments. In What We Know About CSCL (pp. 221–243). Springer, Dordrecht.

38. Khalid, H. M. (2001). Can customer needs express affective design? In M. G. Helander, H. M. Khalid, & T. M. Po (Eds.), Proceedings of the Conference on Affective Human Factors

Design (pp. 190-198). London, UK: Asean Academic Press.

39. Khalid, H. M., &Helander, M. G. (2004). A framework for affective customer needs in product design. Theoretical Issues in Ergonomics Science, 5(1), 27-42.

40. Kiryakova, G., Angelova, N., &Yordanova, L. (2014). Gamification in education. Proceedings of 9th International Balkan Education and Science Conference.

41. Kujala, S., Roto, V., Väänänen-Vainio-Mattila, K., Karapanos, E., &Sinnelä, A. (2011). UX Curve: A method for evaluating long-term user experience. Interacting with computers, 23(5), 473-483.

42. Malizia, A., & Bellucci, A. (2012). The artificiality of natural user interfaces. Communications of the ACM, 55(3), 36-38.

43. Molnár, D., (2018). Product Design For Kids: A UX Guide To The Child's Mind, Retrieved July 31, 2018, from: https://uxstudioteam.com/ux-blog/design-for-kids

44. Muis, K. R., Ranellucci, J., Trevors, G., & Duffy, M. C. (2015). The effects of technology-mediated immediate feedback on kindergarten students' attitudes, emotions, engagement and learning outcomes during literacy skills development. Learning and Instruction, 38, 1-13.

45. Nielsen, J., &Budiu, R. (2013). Mobile usability. MITP-Verlags GmbH & Co. KG.

46. Nolan, J., & McBride, M. (2014). Beyond gamification: reconceptualizing game-based learning in early childhood environments. Information, Communication & Society, 17(5), 594-608.

47. Norman, D. A. (2004). Emotional design: Why we love (or hate) everyday things. New York, NY: Basic Books.

48. Papadakis, S., &Kalogiannakis, M. (2017). Mobile educational applications for children: what educators and parents need to know. International Journal of Mobile Learning and Organisation, 11(3), 256-277.

49. Papadakis, S., Kalogiannakis, M., &Zaranis, N. (2018). Educational apps from the Android Google Play for Greek preschoolers: A systematic review. Computers & Education, 116, 139-160.

50. Plutchik R. (2002) Emotions and Life: Perspectives from Psychology, Biology, and Evolution, Washington, DC: American Psychological Association

51. Piaget, J. (1976). Piaget's theory. In Piaget and his school (pp. 11-23). Springer, Berlin, Heidelberg.

52. Piaget, J., &Buey, F. J. F. (1983). Psicología y pedagogía. Barcelona, España: Ariel.

53. Read, J. C., &Bekker, M. M. (2011). The nature of child computer interaction. In Proceedings of HCI 2011 The 25th BCS Conference on Human Computer Interaction 25 (pp. 1-9).

54. "Research Report on the Quality of Chinese Parent-child Companionship in 2019", Retrieved May 27, 2019, from: http://report.iresearch.cn/report/201905/3369.shtml

55. Rogers, Y., & Muller, H. (2006). A framework for designing sensor-based interactions to promote exploration and reflection in play. International Journal of Human-Computer

Studies, 64(1), 1-14.

56. Schifferstein, H. N. J., Mugge, R., &Hekkert, P. (2004). Designing consumer-product attachment. In D. McDonagh, P. Hekkert, J. Van Erp, & D. Gyi (Eds.), Design and emotion: The experience of everyday things (pp. 327-331). London, UK: Taylor & Francis.

57. Sherwin, K., & Nielsen, J. (2019). Children's UX: Usability issues in designing for young people. Retrieved January 13, 2019, from:https://www.nngroup.com/articles/childrens-websites-usability-issues/

58. Soni, N., Aloba, A., Morga, K. S., Wisniewski, P. J., & Anthony, L. (2019, June). A framework of touchscreen interaction design recommendations for children (tidrc) characterizing the gap between research evidence and design practice. In Proceedings of the 18th acm international conference on interaction design and children (pp. 419-431).

59. Strauss, A., & Corbin, J. M. (1997). Grounded theory in practice. Sage.

60. Ullmer, B., & Ishii, H. (2000). Emerging frameworks for tangible user interfaces. IBM systems journal, 39(3.4), 915-931.

61. Unicef.org (2017) The State of the Worlds Children 2017: Children in a Digital World. Retrieved December 3, 2017, from https://www.unicef.org/reports/state-worlds-children-2017.

62. Wadsworth, B. J. (1996). Piaget's theory of cognitive and affective development: Foundations of constructivism. Longman Publishing.

63. Walter, A. (2020). Designing for emotion (2nd ed.). A Book Apart, New York.

64. Willoughby, T., & Wood, E. (2008). Children's Learning in a Digital World. Blackwell Publishing, MA: Malden.

65. Wood, E., Petkovski, M., De Pasquale, D., Gottardo, A., Evans, M. A., & Savage, R. S. (2016). Parent scaffolding of young children when engaged with mobile technology. Frontiers in Psychology, 7, 690.

66. Xu, Y., &Warschauer, M. (2020). A content analysis of voice-based apps on the market for early literacy development. In Proceedings of the Interaction Design and Children Conference (pp. 361-371).

案例二

1. Adams, E., 2014. Fundamentals of Game Design third ed..Peachpit, USA. Andres, J., Lai, J.C., Mueller, F., 2015. Guiding young players as designers. In:Proceedings of the Second Annual Symposium on Computer-Human Interaction in Play. CHI PLAY '15, ACM. New York, NY, USA, pp. 445–450. doi:http://dx.doi.org/ 10.1145/2793107.2810295

2. Azevedo, R., 2015. Defining and measuring engagement and learning in science: conceptual, theoretical, methodological, and analytical issues. Educ. Psychol. 50 (1), 84–94. http://dx.doi.org/10.1080/00461520.2015.1004069.

3. Bjerknes, G., Ehn, P., Kyng, M., 1987. Computers and Democracy: A Scandinavian

Challenge, Aldershot, Avebury.

4. Boekaerts, M., 2016. Engagement as an inherent aspect of the learning process. Learn. Instr. 43, 76–83. http://dx.doi.org/10.1016/j.learninstruc.2016.02.001.

5. Brondino, M., Dodero, G., Gennari, R., Melonio, A., Pasini, M., Raccanello, D., Torello, S., 2015. Emotions and inclusion in co-design at school: let's measure them!. In: Di Mascio, T. (Ed.), Methodologies & Intelligent Systems for Technology Enhanced Learning, Advances in Intelligent Systems and Computing.. Springer, Berlin, Germany, 1–8. http://dx.doi. org/10.1007/978-3-319-19632-9_1.

6. Corral, L., Fronza, I., Gennari, R., Melonio, A., 2015. From game design with children to game development with university students: What issues come up? In: Proceedingsof the 11th Biannual Conference on Italian SIGCHI Chapter. CHItaly 2015. ACM,New York, NY, USA, pp. 30–33. doi:10.1145/2808435.2808441

7. Creswell, J.W., 2014. Research Design: Qualitative, Quantitative and Mixed MethodsApproaches fourth ed.. SAGE Publications, Thousand Oaks, California. Crispiani, P., 2004. DidatticaCognitivista, Armando, Roma.

8. Curran, P.J., West, S.G., Finch, J.F., 1996. The robustness of test statistics tononnormality and specification error in confirmatory factory analysis. Psychol.Methods 1 (1), 16–29.

9. Cutting, A., Dunn, J., 1999. Theory of mind, emotion understanding, language and familybackground: Individual differences and interrelations. Child Dev. 70 (4), 853–865. http://dx.doi.org/10.1111/1467-8624.00061.

10. Darling-Hammond, L., Adamson, F., 2010. Beyond Basic Skills: The Role of PerformanceAssessment in Achieving 21st Century Standards of Learning. Stanford University,Stanford Center for Opportunity Policy in Education, Stanford, CA.

11. Deci, E., Ryan, R., 2002. Handbook of Self-Determination Research. University of Rochester Press, Rochester, NY.

12. Denham, S.A., 1998. Emotional Development in Young Children. Guilford Press, NewYork.

13. Denham, S.A., Couchoud, E.A., 1990. Young preschoolers' understanding of emotions. Child Study J. 20 (3), 171–192.

14. Dodero, G., Gennari, R., Melonio, A., Torello, S., 2014a. Gamified Co-design with

15. Cooperative learning. In: CHI '14 Extended Abstracts on Human Factors in Computing Systems. CHI EA '14. ACM, New York, NY, USA, pp. 707–718. doi:10. 1145/2559206.2578870

16. Dodero, G., Gennari, R., Melonio, A., Torello, S., 2014b. Towards tangible Gamified Co-design at school: Two studies in primary schools. In: Proceedings of the First ACM SIGCHI Annual Symposium on Computer-human Interaction in Play. CHI PLAY '14. ACM, New York, NY, USA, pp. 77–86. doi:10.1145/2658537.2658688

17. Dodero, G., Gennari, R., Melonio, A., Torello, S., 2015. "There is no rose without a thorn" : An assessment of a game design experience for children. In: Proceedings of the 11th Edition of CHItaly, the biannual Conference of the Italian SIGCHI Chapter. CHItaly'15. ACM, New York, NY, USA, pp. 10–17. doi:10.1145/2808435.2808436

18. Dodero, G., Melonio, A., 2016. Guidelines for participatory design of digital games in primary school. In: Proceedings of the Methodologies and Intelligent Systems for Technology Enhanced Learning, 6th International Conference, pp. 41–49

19. Ekman, P., Davidson, R., 1994. The Nature of Emotion: Fundamental Questions. Oxford University Press, New York.

20. Fails, J.A., Guha, M.L., Druin, A., 2013. Methods and Techniques for Involving Children in the Design of New Technology for Children. Now Publishers Inc., Hanover, MA, USA.

21. Feldman Barrett, L., Russell, J.A., 1998. Independence and bipolarity in the structure of current affect. J. Pers. Soc. Psychol. 74, 967–984.

22. Fitton, D., Read, J.C., 2016. Primed design activities: Scaffolding young designers during ideation. In: Proceedings of the 9th Nordic Conference on Human-Computer Interaction. NordiCHI '16. ACM, New York, NY, USA, pp. 23–27. doi:10.1145/ 2971485.2971529

23. Frauenberger, C., Good, J., Fitzpatrick, G., Iversen, O.S., 2015. In pursuit of rigour and accountability in participatory design. Int. J. Hum. -Comput. St. 74, 93–106.

24. Garzotto, F., 2008. broadening children's involvement as design partners: From technology to "experience". In: Proceedings of the Interaction Design and Children. IDC '08. ACM, New York, NY, USA, pp. 186–193

25. Garzotto, F., Gelsomini, M, 2015. Playful learning in smart spaces for children with intellectual disability. In PALX Learner and Players experience. Workshop co-located with CHItaly 2015. http://palx.inf.unibz.it/program.html (accessed in February 2016).

26. Gennari, R., Melonio, A., Torello, S., 2016. Gamified Probes for Cooperative Learning: A Case Study. Multimedia Tools and Applicatio. Springer. http://dx.doi.org/10.1007/ s11042-016-3543-7.

27. Goeleven, E., De Raedt, R., Leyman, L., Verschuere, B., 2008. The Karolinska directed emotional faces: a validation study. Cogn. Emot. 22 (6), 1094–1118. http:// dx.doi. org/10.1080/02699930701626582.

28. Graesser, A.C., D'Mello, S.K., Strain, A.C., 2014. emotions in advanced learning technologies. In: Pekrun, R., Linnenbrick-Garcia, L. (Eds.), International Handbook of Emotions in Education. Taylor and Francis, New York, 473–493.

29. Graves, T., 1991. The controversy over group rewards in cooperative classrooms. Educ. Leadersh. 48 (7), 77–79.

30. Hamari, J., Shernoff, D.J., Rowe, E., Coller, B., Edwards, T., 2016. Challenging games help students learn: an empirical study on engagement, flow and immersion in game-based learning. Comput. Hum. Behav. 54, 170–179. http://dx.doi.org/ 10.1016/j.chb.2015.07.045.

31. Holbert, N., Weintrop, D., Wilensky, U., Sengupta, P., Killingsworth, S., Krinks, K., Brady, C., Clark, D., Klopfer, E., Shapiro, R.B., Russ, R., 2014. Combining Video Games and Constructionist Design to Support Deep Learning in Play. In: Proceedings of the International Conference of the Learning Sciences, ICLS 2014, pp. 1388-1395

32. Iivari, N., Kinnula, M., 2016. It has to be useful for the pupils, of course'–Teachers as intermediaries in design sessions with children. In: Proceedings of the Scandinavian

Conference in Information Systems (SCIS) 2016, pp.16–28

33. Izard, C.E., 2013. Human Emotions. Springer Science + Business Media, LLC, New York. Kahu, E., Stephens, C., Leach, L., Zepke, N., 2014. Linking academic emotions and student engagement: mature-aged distance students' transition to university. J.Furth. High. Educ. 39 (4), 481–497. http://dx.doi.org/10.1080/0309877X.2014.895305.

34. Li, Q., 2010. Digital game building: learning in a participatory culture. Educ. Res. 52 (4),427–443. http://dx.doi.org/10.1080/00131881.2010.524752.

35. Macefield, R., 2014. In: Matters, U.X. (Ed.), An overview of expert heuristic evaluations ⟨http://www.uxmatters.com/mt/archives/2014/06/an-overview-of- expert-heuristic-evaluations.php⟩.

36. Malone, T., Lepper, M., 1987. Making learning fun: a taxonomy of intrinsic motivations of learning. In: Snow, R.E., Farr, M.J. (Eds.), Aptitude, Learning, and Instruction 3. Conative and Affective Process Analyses. Lawrence Erlbaum, Hillsdale, NJ, 223–253.

37. Malone, T.W., 1981. Toward a theory of intrinsically motivating instruction. Cogn. Sci. 4, 333–369. http://dx.doi.org/10.1016/S0364-0213(81)80017-1.

38. Markopoulos, P., Read, J.C., Mac-Farlane, S., Hoeysniemi, J., 2008. Evaluating Children's Interactive Products. Principles and Practices for Interaction Designers. Morgan Kaufmann, San Francisco, CA, USA.

39. Mazzone, E., Read, C., Beale, R., 2011. Towards a framework of co-design sessions with children. In: Proceedings of INTERACT 2011. Springer, Berlin, Germany, pp. 632– 635

40. Molin-Juustila, T., Kinnula, M., Iivari, N., Kuure, L., Halkola, E., 2015. Multiple voices in ICT design with children—a nexus analytical enquiry. Behav. Inf. Technol. 34 (11), 1079–1091. http://dx.doi.org/10.1080/0144929X.2014.1003327.

41. Monkaresi, H., Bosch, N., Calvo, R., D'Mello, S., 2016. Automated detection of engagement using video-based estimation of facial expressions and heart rate. IEEE Trans. Affect. Comput.. http://dx.doi.org/10.1109/TAFFC.2016.2515084.

42. Moser, C., Tscheligi, M., Zaman, B., Vanden Abeele, V., Geurts, L., Vandewaetere, M., Markopoulos, P., Wyeth, P., 2014b. Editorial: learning from failures in game design for children. Int. J. Child Comput. Interact. 22, 73–75. http://dx.doi.org/10.1016/j.ijcci.2014.10.001.

43. Moser, C., Chisik, Y., Tscheligi, M., 2014a. Around the world in 8 workshops: Investigating anticipated player experiences of children. In: Proceedings of the first ACM SIGCHI Annual Symposium on Computer-human Interaction in Play. CHI PLAY '14. ACM, New York, NY, USA, pp. 207–216. doi:10.1145/2658537.2658702

44. Ocumpaugh, J., Baker, R.S., Rodrigo, M.M.T., 2015. Monitoring Protocol (BROMP) 2.0 Technical & Training Manual. Teachers College, New Yorl, NY.

45. Paivio, A., 1971. Imagery and Verbal Processes. Holt, Rinehart, and Winston, New York. Paulus, P., Nijstad, B., 2003. Group Creativity: Innovation through Collaboration. OxfordUniversity Press.

46. Pekrun, R., 2006. The control–value theory of achievement emotions:

assumptions,corollaries, and implications for educational research and practice. Educ. Psychol.Rev. 18, 315–341.

47. Pekrun, R., Perry, R.P., 2014. Control-value theory of achievement emotions. In: Pekrun,R., Linnenbrinck-Garcia, L. (Eds.), International Handbook of Emotions inEducation.. Taylor and Francis, New York, 120–141.

48. Pekrun, R., Linnenbrinck-Garcia, L., 2014. International Handbook of Emotions inEducation. Taylor and Francis, New York.

49. Pekrun, R., Bühner, M., 2014. Self-report measures of academic emotions. In: Pekrun,

50. R., Linnenbrinck-Garcia, L. (Eds.), International Handbook of Emotions inEducation.. Taylor and Francis, New York, 561–579.

51. Plutchik, R., 2003. Emotions and Life: Perspectives from Psychology, Biology, andEvolution. American Psychological Association, Washington.

52. Raccanello, D., Bianchetti, C., 2014. Pictorial representations of achievement emotions:preliminary data with primary school children and adults. In: Di Mascio, T. (Ed.), Methodologies & Intelligent Systems for Technology Enhanced Learning, Advances in Intelligent Systems and Computing. Springer, Berlin, Germany, 127–134. http:// dx.doi. org/10.1007/978-3-319-07698-0.

53. Read, J.C., 2008. Validating the fun toolkit: an instrument for measuring children's opinions of technology. Cogn. Technol. Work 10 (2), 119–121.

54. Russell, J.A., 2003. Core affect and the psychological construction of emotion. Psychol. Rev. 110 (1), 145–172. http://dx.doi.org/10.1037/0033-295X.110.1.145.

55. Sanders, E.B., Stappers, P.J., 2008. Co-creation and the new landscapes of design. CoDes.: Int. J. CoCreation Des. Arts 4 (1), 5–18. http://dx.doi.org/10.1080/ 15710880701875068.

56. Sanders, E.B., Stappers, P.J., 2014. From designing to co-designing to collective dreaming: three slices in time. Interactions 21 (6), 24–33. http://dx.doi.org/ 10.1145/2670616.

57. Sauro, J., Lewis, J., 2012. Quantifying the User Experience. Morgan Kaufmann. Schmidt, J.A., 2011. Flow in learning. In: Järvelä, S. (Ed.), Social and Emotional Aspectsof Learning.. Elsevier, Oxford, UK, 28–34.

58. Seaborn, K., Fels, D., 2015. Gamification in theory and action: a survey. Int. J. Hum. Comput. St. 74, 14–31.

59. Shernoff, D.J., Csikszentmihalyi, M., Shneider, B., Shernoff, Steele, E., 2003. Studentengagement in high school classrooms from the perspective of flow theory. In: Csikszentmihalyi, M. (Ed.), Applications of Flow in Human Development and Education.. Springer, 475–494. http://dx.doi.org/10.1007/978-94-017-9094-9_24.

60. Shuman, V., Scherer, K.R., 2014. Concepts and structures of emotions. In: Pekrun, R., Linnenbrinck-Garcia, L. (Eds.), International Handbook of Emotions in Education.Taylor and Francis, New York, 13–35.

61. Slavin, R.E., 1991. Student Team Learning: A Practical Guide to Cooperative Learning. National Education Association of the United States, DC.

62. Tullis, T., Albert, W., 2013. Measuring the User Experience. Morgan Kaufmann. Vaajakallio,

K., Lee, J., Mattelmäki, T., 2009. "It has to be a group work!" : Co-design withchildren. In: Proceedings of Interaction Design and Children. IDC '09. ACM, New York, NY, USA, pp. 246–249

63. Van Mechelen, M., Gielen, M., Vanden Abeele, V., Laenen, A., Zaman, B., 2014. Exploring challenging group dynamics in participatory design with children. In: Proceedings of the 2014 Conference on Interaction Design and Children. IDC '14. ACM, New York, NY, USA, pp. 269–272. doi:10.1145/2593968.2610469

64. Van Mechelen, M., Zaman, B., Laenen, A., Vanden Abeele, V., 2015. Challenging group dynamics in participatory design with children: Lessons from social interdependence theory. In: Proceedings of the 14th International Conference on Interaction Design and Children. IDC '14. ACM, New York, NY, USA, pp. 219–228. doi:10.1145/ 2771839.2771862

案例三

1. Barnett, G. D., and R. E. Mann. 2013. "Cognition, Empathy, and Sexual Offending." Trauma, Violence & Abuse 14 (1): 22–33. doi:10.1177/1524838012467857.

2. Caballo, V. E. 1999. Manual de Terapia e Modificaca~odoComportamento. Rio de Janeiro: Santos.

3. Cuff, B. M., S. J. Brown, L. Taylor, and D. J. Howat. 2016. "Empathy: A Review of the Concept." Emotion Review 8 (2): 144–153. doi:10.1177/1754073914558466.

4. Decety, J., and P. L. Jackson. 2004. "The Functional Architecture of Human Empathy." Behavioral and Cognitive Neuroscience Reviews 3 (2): 71–100. doi:10.1177/ 1534582304267187.

5. Decety, J., and Y. Moriguchi. 2007. "The Empathic Brain and Its Dysfunction in Psychiatric Populations: implications for intervention across different clinical conditions." BioPsychoSocial Medicine 1: 22. doi:10.1186/1751-0759-1-22.

6. Del Prette, A, and Z. A. P. Del Prette. 2005. Psicologia Das HabilidadesSociaisnaInfa^ncia: teoria e Pratica. Petropolis: Vozes.

7. Del Prette, A, and Z. P. Del Prette. 2011. HabilidadesSociais: intervenc¸o~esefetivasemgrupo. S~ao Paulo: Casa do Psicologo.

8. DeVries, R. 2006. "Games with Rules." In Play from Birth to Twelve: Contexts, Perspectives, and Meanings, edited by Doris ProninFromberg and Doris Bergen, 151–158. Abingdon: Routledge.

9. Frost, J. L. S. C. Wortham, and S. Reifel. 2011. Play and Child Development. Estados Unidos: Pearson.

10. Gerdes, K. E., C. A. Lietz, and E. A. Segal. 2011. "Measuring Empathy in the 21st Century: Development of an Empathy Index Rooted in Social Cognitive Neuroscience and Social Justice." " Social Work Research 35 (2): 83–93. doi:10.1093/swr/35.2.83.

11. Gielen, M. 2010. "Essential Concepts in Toy Design Education: aimlessness, Empathy and

Play Value." International Journal of Arts and Technology 3 (1): 4–16. doi:10.1504/IJART. 2010.030490.

12. Hassinger-Das, B., T. S. Toub, J. M. Zosh, J. Michnick, R. Golinkoff, and K. Hirsh-Pasek. 2017. "More than Just Fun: A Place for Games in Playful Learning." Infancia y Aprendizaje 40 (2): 191–218. doi:10.1080/02103702.2017.1292684.

13. Humphries, L. 2016. "Let's Play Together: The Design and Evaluation of a Collaborative, Prosocial Game for Preschool Children." Int. J. Cont. Engineering Education and Life-Long Learning 26 (2): 240–258.

14. Lange, A. 2019. The Design of Childhood: How the Material World Shapes Independent Kids. New York: Bloomsbury.

15. Marin, A. H., C. A. Piccinini, T. T. Gonc ̧alves, and J. R. H. Tudge. 2012. "PraticaseducativasParentais, problemas de comportamento e compet^encia social de crianc ̧as emidade pre-escolar [Parental Chil-Rearing Practices, Behavior Problems and Pre-School Children's Social Competence]." Estudos de Psicologia 17 (1): 5–13. doi:10.1590/S1413-294X2012000100002.

16. Milteer, Regina M., Kenneth R. Ginsburg, Deborah Ann. Mulligan, Nusheen. Ameenuddin, Ari. Brown, Dimitri A. Christakis, Corinn. Cross, Council on Communications and Media Committee on Psychosocial Aspects of Child and Family Health, et al. 2012. "The Importance of Play in Promoting Healthy Child Development and Maintaining Strong Parent-Child Bond: Focus on Children in Poverty." Pediatrics 129 (1): e204–213. doi:10. 1542/peds.2011-2953.

17. Mitsopoulou, E., and T. Giovazolias. 2015. "Personality Traits, Empathy and Bullying Behavior: A Meta-Analytic Approach." Aggression and Violent Behavior 21: 61–72. doi:10. 1016/j.avb.2015.01.007.

18. Moraes, R. 1999. "Analise de Conteudo." RevistaEducac ̧a~o 22 (37): 7–32.

19. Nair, R., S. Ravindranath, and J. Thomas. 2013. "Can Social Skills Predict Wellbeing? An

20. Exploration." European Academic Research 1 (5): 712–720.

21. Thiollent, M. 2011. Metodologia da pesquisa-ac ̧a~o. S~ao Paulo: Cortez.

22. Tonetto, L. M., A. S. Pereira, S. H. Koller, K. Bressane, and D. Pierozan. 2020. "Designing

23. Toys and Play Activities for the Development of Social Skills in Childhood." The Design

24. Journal 23 (2): 199–217. doi:10.1080/14606925.2020.1717026.

25. Tripp, D. 2005. "Pesquisa-ac ̧~ao: umaintroduc ̧~aometodologica." Educac ̧a~o e Pesquisa 31 (3):443–466. doi:10.1590/S1517-97022005000300009.

26. Van Langen, M. A. M., I. B. Wissink, E. S. van Vugt, T. Van der Stouwe, and G. J. J. M.

27. Stams. 2014. "The Relation between Empathy and Offending: A Meta-Analysis."

28. Aggression and Violent Behavior 19 (2): 179–189. doi:10.1016/j.avb.2014.02.003.

29. Van Noorden, T. H. J., A. H. N. Cillessen, G. J. T. Haselager, T. A. M. Lansu, and W. M. Bukowski. 2017. "Bullying Involvement and Empathy: Child and Target Characteristics."

30. Social Development 26 (2): 248–262. doi:10.1111/sode.12197.

31. Van Noorden, T. H. J., G. J. T. Haselager, A. H. N. Cillessen, and W. M. Bukowski. 2015.

32. "Empathy and Involvement in Bullying in Children and Adolescents: A Systematic Review." Journal of Youth and Adolescence 44 (3): 637–657. doi:10.1007/s10964-014-0135-6.

33. Vygotsky, L. S. 2007. A formac ̧a~o social da mente. S~ao Paulo: Matins Fontes.

34. Vygotsky, L. S. 2009. Imaginac ̧a~o e criac ̧a~onainfa^ncia. S~ao Paulo: Atica.

35. Waite, S., and S. Rees. 2014. "Practising Empathy: enacting Alternative Perspectives through Imaginative Play." Cambridge Journal of Education 44 (1): 1–18. doi:10.1080/0305764X.2013.811218.

36. Waller, R., and L. W. Hyde. 2018. "Callous-unemotional behaviors in early childhood: the development of empathy and prosociality gone awry ." Current Opinion in Psychology 20: 11–16. doi:10.1016/j.copsyc.2017.07.037.

37. Zsolnai, A., and L. Kasik. 2014. "Functioning of Social Skills from Middle Childhood to Early Adolescence in Hungary." The International Journal of Emotional Education 6 (2): 54–68.

· 致 谢 ·

　　本书由我的博士论文而来，在澳大利亚格里菲斯大学攻读博士期间，导师 Ming Cheung、Dominique Falle 和 Dale Patterson 指导我选择了儿童数字产品的交互设计方向，并以提升儿童的数字素养为研究目标。PhD 是 Doctor of Philosophy 的缩写，本意是追寻事物的本源，但也有人调侃是 permanent head damage（永久性脑损伤），的确，过去三年受到新冠疫情的影响，我海外求学的过程经历了迷茫、疑惑、遗憾和计划被打乱的焦灼。但在导师们的鼓励和帮助下，我力图在设计研究中有所突破，终于体会到灵感闪过的喜悦，在"求智"的路上的进步让这一段人生的历程成为难忘的回忆。

　　感谢厦门理工学院设计艺术学院孟卫东院长和江苏凤凰美术出版社的唐凡老师对本书出版提供的帮助，感谢编辑老师的细致工作，感谢我所在的厦门理工学院慷慨资助了本书的出版。

　　最后，感谢我的家人，感谢理解、包容、陪伴和无条件的支持。我要把本书献给我的两个女儿，是她们让我领悟生命的力量和意义。

陈凯晴
2022 年 9 月 于厦门